建筑百科大世界丛书

民居建筑

谢宇　主编

花山文艺出版社

河北·石家庄

图书在版编目（CIP）数据

民居建筑 / 谢宇主编. -- 石家庄：花山文艺出版社，2013.4（2022.3重印）
（建筑百科大世界丛书）
ISBN 978-7-5511-0880-5

Ⅰ．①民… Ⅱ．①谢… Ⅲ．①民居－建筑艺术－世界－青年读物②民居－建筑艺术－世界－少年读物 Ⅳ．①TU241.5-49

中国版本图书馆CIP数据核字(2013)第080225号

丛 书 名：建筑百科大世界丛书
书　　名：民居建筑
主　　编：谢　宇
责任编辑：师　佳
封面设计：慧敏书装
美术编辑：胡彤亮
出版发行：花山文艺出版社（邮政编码：050061）
　　　　　（河北省石家庄市友谊北大街 330号）

销售热线：0311-88643221
传　　真：0311-88643234
印　　刷：北京一鑫印务有限责任公司
经　　销：新华书店
开　　本：880×1230　1/16
印　　张：8.5
字　　数：129千字
版　　次：2013年5月第1版
　　　　　2022年3月第2次印刷
书　　号：ISBN 978-7-5511-0880-5
定　　价：38.00元

编 委 会 名 单

前　言

　　建筑是指人们用土、石、木、玻璃、钢等一切可以利用的材料，经过建造者的设计和构思，精心建造的构筑物。建筑的目的是获得建筑所形成的能够供人们居住的"空间"，建筑被称作"凝固的音乐""石头史书"。

　　在漫长的历史长河中留存下来的建筑不仅具有一种古典美，而且其独特的面貌和特征更让人遥想其曾经的功用和辉煌。不同时期、不同地域的建筑各具特色，我国的古代建筑种类繁多，如宫殿、陵园、寺院、宫观、园林、桥梁、塔刹等；现代建筑则以钢筋混凝土结构为主，并且具有色彩明快、结构简洁、科技含量高等特点。

　　建筑不仅给了我们生活、居住的空间，还带给了我们美的享受。在对古代建筑进行全面了解的过程中，你还将感受古人的智慧，领略古人的创举。

　　"建筑百科大世界丛书"分为《宫殿建筑》《楼阁建筑》《民居建筑》《陵墓建筑》《园林建筑》《桥梁建筑》《现代建筑》《建筑趣话》八本。丛书分门别类地对不同时期的不同建筑形式做了详细介绍，比如统一六国的秦始皇所居住的宫殿咸阳宫、隋朝匠人李春设计的赵州桥、古代帝王为自己驾崩后修建的"地下王宫"等，内容丰富，涵盖面广，语言简洁，并且还穿插有大量生动有趣的"小故事"版块，新颖别致。书中的图片都是经过精心筛选的，可以让读者近距离地感受建筑的形态及其所展现出来的魅力。打开书本，展现在你眼前的将是一个神奇与美妙并存的建筑王国！

　　丛书融科学性、知识性和趣味性于一体，不仅能让读者学到更多的知识，还能培养他们对建筑这门学科的兴趣和认真思考的能力。

丛书编委会

2013年3月

目 录

1

北京四合院

　　从字面上看，四合院就是东、西、南、北四面都有房子，并围合成院子的住宅样式，也叫"四合房"。《现代汉语词典》中是这么解释的："一种旧式房子，四面是屋子，中间是院子。"《辞海》解释为"住宅建筑式样之一，即上房之左右为厢房，对面为客房或下房，四面相对，形如'口'字，而中央空地，即天井也。其无对房者谓之三合式。"《中国古代建筑辞典》解释为"院的四面都有房屋的四合院。无倒座或缺一面厢房，只有三面有房屋的，叫三合院。四合院式的平面布局，最迟在西周就已形成，一直沿袭到清代。"

　　四合院分为两大类：一类是院子宽敞，东、西、南、北四面房子相对独立互不相连而合围出的四合院。这类四合院日照充足，满足我国北方气候、环境等自然条件的要求。另一类就是院子相对要小一些，东、西、南、北四面房子相互连接成一体，只是中间形成"口"字形的小院。这类四合院更能满足我国西南云贵高原、青藏高原避风、抗震的地理环境要求，因其组合平面像一颗印章，也被称为"一颗印式"四合院。四合院还有另外一种风格，就是建在江浙、安徽、闽粤等南方平原地区以及在云南大理、丽江等地被称为"四水到堂"或"四合五天井"的由一个稍大的和多个小天井组成的四合院。

　　北京四合院是四合院两种类型之一的北方四合院的

代表，其四面的房子相对独立，互不相连，院子宽敞，以院子为中心组织空间，舒畅爽快，幽静祥和，起居方便，私密性强，且又符合各个朝代的礼仪规范，形成内外有别、主尊奴卑、长幼有序的居住格局。其在建筑上不仅讲究风水，而且表现了中华民族传统的文化内涵，体现出了民俗民风，符合老百姓对幸福安康、吉祥如意的追求。典型的北京四合院，一般都要建在路北，坐北朝南，谓之"向阳门第春常在。"以北房为正房，也称"上房"，位于院子的中轴线上；东西两侧的房子称为"厢房"或"偏房"；与北房相对的南房称为"倒座"或"下房"。长辈住上房，晚辈住西厢房，佣人住东厢房，东厢房最南面的一间作厨房，下房作客厅或书房。厕所在下房最西面与西厢房最南面的交界处，即院子的西南角。四合院由门、影壁、房、厅、廊、庭院组成。

北京四合院的大门，也称作"街门"，依等级高低有广梁大门、如意门、小门楼等，另外还有专走车马的车门。

大门不仅讲究方位，还代表了住户的社会地位。常说的"门当户对""门第观念"，就是当时人们对大门建筑形制的直接看法。从建筑形式上看，大门只是分为屋宇式和墙垣式两大类。屋宇式大门就是占用四合院内倒座的房屋半间至数间开门，墙垣式大门就是在围合成四合院的墙垣上开门。

影壁、大门都起到了四合院"合"的作用，关起大门自成一统，与世无争。讲究含蓄，不露锋芒。即使开着大门，因有影壁、屏门的遮挡，从外面也不易看到院内的活动，私密性强，有安全稳定感。同时又产生一种"聚合"力与和谐氛围，有亲切的归属感，体现了合家团聚的社会文化特征。也是道家"致虚""守静""归根""复命""知常"思想的体现。

延安窑洞

陕北延安，这块中国革命的红色根据地，分布着中国北方个具有独特风格的民居——窑洞。当年毛泽东等老一辈无产阶级革命家都曾在这里的枣园、杨家岭等地生活和战斗过。

延安的窑洞是黄土高原劳动人民创造性地利用当地有利的地形、地貌建造起来的。一般的窑洞都依山而建，随着地势层层升高，远远望去，宛如一幢幢楼房。

延安的窑洞可分为石窑、土窑两大类。石窑是在陕峭的石壁下凿成的，土窑则在壁立的黄土层下凿成。窑洞一般深6米，宽4米。洞门用块石砌成半圆形，饰以精致的阁扇，形式多样。也有的窑洞，在平地上用块石券垒起来后，再覆上土，这是窑洞的另一种形式。

一般的窑洞里有互通的隧道式小门，顶部呈半圆形，这样窑洞的空间就会增大，窑洞内一侧有锅和灶台，在炕的一头都连着灶台，由于灶火的烟道通过炕底，冬天炕上很暖和。

炕周围的三面墙上一般贴着一些绘有图案的纸或拼贴的画，延安人将其称为"炕帷子"。炕帷子是一种实用性装饰，为了美化居室，不少人家在炕帷子上作画，炕围画在陕北也是具有悠久历史的民间艺术之一。另外，延安窑洞的窗户比较讲究，拱形的洞口由木格拼成各种美丽的图案，天窗、斜窗、炕窗、门窗上都有剪纸

装饰。另外一种出色的陕北民间艺术就是剪纸，很多出色的剪纸巧手剪出来的各种窗花、炕壁花、窑顶花、婚丧剪纸等都造型各异、生动美观，尤其是用于过节喜庆的剪纸更美，也更栩栩如生。外地游客到陕北，还能目睹打腰鼓的盛况，有兴趣的话，还可以在山沟沟喊上几嗓子信天游。

这些窑洞具有独特的特点：不破坏地貌，不占用耕地，向地下争得居住的空间，冬暖夏凉。冬天，窑洞里的气温比室外高13℃左右；夏天，比室外低10℃左右。此外，窑洞很幽静，听不到喧闹之声。如在窑洞里收听广播、放录音，效果极佳。当然窑洞也有缺点，就是采光不良，夏季潮湿，洞内通风差。

据统计，黄河中上游60万平方千米的土地上，约有4 000万人至今仍住窑洞。近年来，不少外国游客和学者接踵而来，对黄土窑洞进行考察和研究。

小故事

据说旧社会匪患频繁，延安很多人家在窑内侧另挖一小窑，谓之"拐窑"，上部挖的则谓之"天窑"，用来藏财物、躲匪患。有的地方，人们选择在地形险要、高数十丈的沟崖上挖窑洞，称"崖窑"或"窑子"，遇有兵匪来犯，全村男女老少、牲畜、财物、粮食一并躲藏入内，拆断来路，由青壮年持刀棒把守入口。窑内备有饮水、熟食，住上十天半月也不碍事。后来在延安南部，洛川、富县、黄陵一带出现了砖窑，比土窑洞结实坚固得多，人们就无须惧怕土匪来犯了。砖窑唯主体部分用砖砌，四周及顶则用土夯垫，现在的砖窑基本上是清一色用砖砌。石窑的修建比较复杂，工序多，费用大，过去多是有钱人居住。改革开放以来，人民群众的生活水平显著提高，手头宽裕，修土窑的越来越少，修石窑、砖窑的则逐渐增多。现在修的窗户变成了大圆窗，工艺相当考究。窑洞冬暖夏凉，特别适合陕北的地理与气候条件。

杨柳青石家大院

石家大院位于天津市杨柳青镇，南临河沿大街，北至估衣街，是清代津门八大家之一石万程第四子石元士的住宅，名"尊美堂"。该宅始建于1875年，南北长96米，东西宽62米，占地6080平方米，建筑面积为2945平方米，是典型的天津四合院住宅建筑。宅居的总平面由东院、西院和跨院组成。最南面设三座门，东西两端设侧门。东门宽4.7米，为车马通道。正中为正门，向北为影壁，再北有箭道直通北门，并有侧门通东、西院落。箭道内又设有两道门楼，第一道门楼正面为青砖雕砌，背面是木雕垂花门。第二道门楼正面砌青砖西洋券门，柱头、柱础呈花钵形，方柱，山花为三个圆弧线，是民国年间增建的，说明当时天津四合院已受外来影响，背面为垂花门，十分别致。

东院为住宅院落，由前后三套四合院组成，各院正房五开间，但中间两层的明间为穿堂。东、西厢房均三开间。西院是厅堂院落，由两座回廊院连接而成，是石家大院中规模最宏大、装修最精美的一组建筑。南面由两座青瓦硬山顶和卷棚顶前廊构成，前面为花厅，接待贵宾及宴会时用，后面为戏楼后台。戏楼由周围的廊和罩棚组成，戏台面宽

3间，每间3.8米，进深2.2米，明柱悬朱红底黑字楹联。东、西廊各5间，每间面宽2.6米，进深2.35米。廊柱为方形抹角"梅花柱"，与厅堂的圆形木柱相区别。内廊柱为两层楼高的通柱，外廊柱高一层，内廊柱高出部分安装玻璃窗，供戏楼采光。戏楼回廊内为观众席。戏楼北面底楼称厅，厅北檐柱间为"四抹灯笼框六角菱花"槅扇门，有天津的地方特色。再北为东西廊庭院回廊，每间各宽2.85米，进深2.06米。廊柱间上面有花罩牙子，下面有坐凳栏杆，庭院南面有精美木雕垂花门及精美石雕。屏门正中悬大红"福"字。庭院北面为佛堂，面宽三间，进深一大间。最西面是跨院，有三个庭院作为书房及私塾用，两侧有廊子相通。石家大院建筑的墀头、博风和门楼均饰有雕刻精美的砖雕，图案有"松鼠葡萄""葫芦万代""福善吉庆""鹤鹿同青"等，为天津砖刻保存最多的宅院之一。1987年，西郊区人民政府将石家大院定为区级文物保护单位，现作为杨柳青博物馆。

伯延镇民居

伯延镇位于武安城南10千米处，居鼓山北麓，为丘陵间的小平原，土地肥沃。据《武安县志》记载：伯延建村于宋朝元祐元年，清朝道光年间设镇。该镇自古贸易繁盛，商家甚多，住宅考究且集中。

伯延民居的平面布局具有北方四合院的一般特征，按住宅规模可分为一进与多进，最大者为四进，俗称"九门相照"。另外比较考究的宅院还同时设有"明道"和正门，"明道"可直通后院内宅。旧时只有婚丧嫁娶、逢年过节才开正门，故"明道"其实是日常生活的出入口。

伯延民居一般为砖墙承重，平屋顶，屋面结构为木梁、木椽，平铺砖，二层上用石灰石子锤定。纯木构只用于檐廊处，其做法与北方一般坡屋木构一致。

伯延民居装饰手法多样，颜色丰富多彩，石刻、砖雕、木雕均极为精美。平屋顶建筑的檐部、门窗洞门等处均做了恰到好处的处理。

黟县西递村民居

在安徽省黄山西麓新安口虞山溪一带，坐落着一个名叫黟县的小县城，这里至今仍保留着许多明清时期的古建筑，如著名的西递村和宏村。西递村位于安徽省黟县东8千米处，因为曾设驿站"铺递所"而得名。西递村始建于北宋皇祐年间，距今已有近千年历史，整个村落仿船形而建，至今仍保留着明清时期的风貌。在清康熙、乾隆年间全村有600多座宅院，人口近万人，至今仍完整保存着120多幢宅院。西递村东西长约800米，南北宽约300米，占地20多公顷。

西递村村口有胡文光牌坊和走马楼。胡文光牌坊建于明万历年间，胡文光为荆王府长史，授四品朝列大夫，因其政绩显著，皇帝恩准敕建这座精美

石坊。西递村口的另一个标志性建筑为走马楼。走马楼又称"凌云阁"，始建于清道光年间，当时是为迎接当朝宰相而营建的。走马楼分上下两层，长约数10米，其中二楼眺廊宽约3米，四周设栏杆椅，可居此凭栏眺望。此处是西递八景之一——"梧桥夜月"。

西递村中现在保存完整的古民居瑞玉庭、桃李园、东园、西园、大夫第、绣楼、履福堂、敬爱堂、迪吉堂等都值得细细品味。

西递村作为徽派村落建筑的代表，于2001年11月被联合国教科文组织列入《世界遗产名录》。

小故事

黟县民居有建房大梁上披红的习俗，即上梁之日，为大梁披红。传说从前有一个秀才叫武良新，上京应试未中，四处漂泊，在大杨树下结识了一位少女，二人结为夫妻，靠卖豆腐为生。后来皇帝命人修建宫殿，要砍掉那棵大杨树做梁，可怎么也砍不倒，便张榜悬赏募人砍树。武良新的妻子因为是树精所变，知道怎样砍倒这棵树，便把方法告诉了丈夫。武良新砍倒树进宫做了官，便抛弃了树精妻子。皇帝砍倒了杨树做梁，却怎样也架不起来，树精在梦中告诉皇帝，要架梁必须披上武良新的人皮。皇帝于是命人剥了武良新的皮披在梁上，果然架起了梁柱，从此以后，人们盖房都用兽皮披在大梁上，以后逐渐演变成披红绸、披红布、贴红纸，于是便叫作"披红"。

平遥古城民居

平遥的民居是古城不可缺少的一部分。平遥民居规模不一、类型多样，但其平面布局都是四合院形式的。四合院坐北朝南，正房向南，东、西两侧是厢房，正房对面的房子是倒座。简单的四合院通过横向或纵向扩展，就可以形成多样的组合形式。纵向串联的院落，各院之间有垂花门或过厅连接；横向并联的院落显示了院落间的主从关系，形成了正、偏院。

赵大第旧居在仓巷街49号，房主的祖父赵大第是清末民初平遥城里的商人。这里的房子在1918年重建以后就没有维修过。这是一座典型的单进四合院，整个院落坐北朝南，正房面阔三间，前面加有前廊，外观为仿拱券砖窑洞式的砖瓦房。其院子狭长，两厢向院内靠近，部分遮挡了正房，这样就避免了正房被风沙直吹。院中没有植树，使狭窄院内的有限光线不会被树叶遮挡。旧居老房子上的木雕工艺极为精湛，前廊下的雀替、挂落窗棂和门扇上刻满了镂空的吉祥图案。

王苹庭旧居位于仓巷街北35号

院，该院初建于清代中叶，是一座有三
进式正院和偏院的大宅院。整座王氏院
落是平遥典型的富豪之家的传统院落。
据说该院平面布局是依照"凤凰双展
翅"的格局布置的。凤凰向前可吃到米
粮市的米，向后可喝到贺兰桥下的水，
是商人眼中的一块风水宝地。一进院
门，就看到"米颠拜石"的砖雕影壁，
刻的是北宋著名画家米芾面对奇状怪石
躬身作揖的故事，影壁题材反映了主人
的高雅情趣。拐过影壁为第一进院落，

两侧有厢房各3间，正对的过厅以前是家庭休息、待客用的房间。从过厅东面
窄道可进入第二进院，院落较小，只有两边厢房各一间。再穿过一道门往里
走，就到了内院，正房面阔五间。底层是窑洞，正房角窑炕围画《西厢记》
故事，色彩绚丽。院内门窗上的雕花玻璃刻满了吉祥精美的图案。二层是双
坡硬山顶瓦房，房屋用通天柱筑出深深的前廊，很有气势，柱间雀替上的镂
空木雕刻有云龙图案，石鼓、石栏板上也雕刻着奇灵异兽。这种正房采用窑
洞带前廊的形式在平遥十分普遍。这种形式因地制宜，就地取材，冬暖夏
凉。登上二楼，可以细看对面厢房屋顶上传说中的奇兽"朝天吼"的砖雕烟囱
帽。

　　王沛霖是清代平遥有名的文人，其旧居在仁义街37号，是一处较为豪华的
文人宅第。王宅坐北朝南，院门开在南厅的东梢间。整座宅院分三进，之间用
垂花门楼和罗汉墙相隔。最里面的院落正房是五开间的窑洞，窑洞顶上有三座
风水影壁一字排开，上面有砖饰的花纹，下面是须弥座，从风水角度讲，它是
遮拦邪煞的屏障。

　　张生瑞旧居位于范街3号院，原为两进，正房为三孔窑洞。二号院只有一
进院落，是典型传统形式的四合院，大门位于东南角，其正面是照壁，周边有
精致的砖雕，正房为五孔窑洞，带前檐走廊，柱基上刻有"寿"字图案和卷草

纹，廊柱上方和额枋之下有精巧的木雕雀替，正中雕刻内容为"福禄寿"三星，左右为犀牛望月的镂空木，两旁为博古图案。

　　侯王宾旧居（一得宾馆）位于沙巷街16号。侯王宾是平遥城内有名的票号世家出身，家资富有，住宅比一般的民宅要豪华得多。侯家的宅院是清乾隆年间修建的，包括了沙巷街中的16号（上院）、14号（下院）、18号（书房院）、20号（车马院）。16号的上院是二进四合院，两院之间有垂花门相隔。正房为仿窑洞式的砖瓦房，有前廊。窑洞顶部还建有一座小楼，人们称之为"风水楼"。平遥不少民居正房的这个位置都有这样一座风水楼，如果把正房比喻为人的躯干，把两厢比喻为人的双臂的话，那么建在正房上的风水楼就是头颅，这种自然的环抱姿势利于聚风敛气，也体现了中国传统的"天人合一"的思想。

永定土楼

　　永定位于闽西的龙岩地区，这里分布着历史悠久、风格独特的客家民居建筑群，它们被统称为"永定土楼"。土楼分为圆楼和方楼两种，永定县有圆楼360座，方楼4 000余座。客家人原是居住在黄河中下游的汉族人，西晋"永嘉之乱"及唐末、宋末的战乱，使得他们进行了三次大规模南迁，长途跋涉，终于来到闽西地区僻静的山区落户，因有别于当地居民而被称为"客家人"，形成"逢山必有客，有客必有山"的现状。这些具有良好文化修养的中原旺族，尽管流离于荒脊草莽间，但语言风俗却保持纯正的中原遗风，形成了独特的客家文化。为抵御盗匪、当地土著及猛兽的侵扰，整个家族需要有强大的凝聚力，于是不得不聚族而居。在手无寸铁的情况下，采用中原古老的夯土版筑技

术，就地选取生土、砂石、竹片夯筑起高三四层、足有二三百个房间的大土楼，几百人同住在大屋顶下，用巨大的向心封闭式外形围起来。

圆形土楼是客家民居的典范，就像是从地下冒出来的"蘑菇"，又如同从天而降的"飞碟"。在冷战时期，它曾被西方国家认为是我国的核反应堆。圆楼都由二三圈组成，由内到外，环环相套，外圈高10余米，共有四层一二百个房间，一层是厨房和餐厅，二层是仓库，三、四层是卧室；二圈有两层数十个房间，一般是客房，当中一间是祖堂，是居住在楼内的数百人举行婚丧和庆典的场所。楼内还有水井、浴室、磨坊等设施。土楼采用当地土夯筑，不需钢筋水泥，墙的基础宽达3米，底层墙厚1.5米，向上依次缩小，顶层墙厚不小于0.9米。沿圆形外墙用木版分隔成许多房间，其内侧为走廊。土楼以夯土为承重墙，墙厚可达1米以上，下宽上窄，最高可达5层。为使夯土坚固，夯筑时常在土中掺杂石灰、沙石，因此，土楼极为坚固，可历经二三百年而不坏。土楼防卫性极强，一二层对外不开窗，三四层仅开小窗。与对外的封闭相反，土楼对内极为开放，每层都有将各家连在一起的圆廊。一个土楼中往往生活着几十家、上百家人。这些人生活在现代人所不能忍受的缺乏个人私密性的环境中，但是他们却以自己的文化和人生态度获得了生活上的愉快。

客家土楼建筑闪耀着客家人的智慧，它具有防震、防火等多种功能，通风和采光良好，而且冬暖夏凉。它的结构还体现了客家人世代相传的团结友爱的传统。试想几百人住在同一幢大屋内朝夕相处，和睦共居自然是非常重要的，客家人淳朴敦厚的秉性于此也可见一斑。一进入土楼，你立即就能感受到那浓厚的历史感和温馨的气氛。

小故事

卷螺铺首是客家民居大门衔环装饰的一种，其形如螺。汉朝时，有一个叫许铜的人，平时常取蜗螺（蜗牛）来祭神。有一天，忽然有恶鬼要拉他下地狱，许铜吓得躲在神案下，不久，他睡着了。梦中，他被恶鬼拉入地狱，忽然遇到他所祭祀的神明，神明告诉他："恶鬼再来索命，你就赶紧把蜗螺贴在门板上，使它爬行画符。"许铜依计而行，第二天，恶鬼果然进不得大门了。后人因此相信蜗螺可辟邪，就把它装饰在门板上了。

那么，为什么客家土楼要建成圆形围屋的形式呢？

出现这种建筑形式据说是为了防匪。传说，福建客家人的祖先原居住在黄河中下游一带，由于生活所迫，他们从黄河南迁，一直走到福建一带，才定居下来。福建多山区，盗匪很多，为了避免遭到盗匪的袭击，他们便兴建了这种抵御性的城堡式住宅，如遇不测，大门一关，青壮年守护反击，如一夫当关，盗匪很难攻入，而妇女老幼尽可以高枕无忧。特殊的居住环境，还有必然的防护心理，使得福建客家人养成了聚族而居的生活习惯。一座土楼，一般来说可以居住30~50多户人家。邻里之间和睦共处，相亲相爱，很少发生争执。

祁县乔家大院

　　乔家大院，又名"在中堂"。始建于清乾隆年间，之后经过两次增修而建成。整个宅院分6大院，20个小院，313间房屋，占地面积约为8 700平方米，是一座城堡式建筑。大院四周是全封闭式的砖墙，高10米有余，上层是女儿墙式的垛口。还有更楼、眺阁点缀其间，显得很有气势。

　　从空中俯瞰，院落布局严谨、紧凑、对称，浑然一体，近似一个"囍"字。当然，这又是民间的附会或美好的联想，因为这6所大院是在160年间分四次修建、扩增成现在的格局。

　　乔家大院的大门朝东，砖券门很高大，顶楼上悬挂着一块横匾"福种琅环"。

　　顶楼之下、大门之上，是门额"古风"二字。"琅螺"是传说中的神仙洞府。琅螺福地，引人遐想。"古风"则是对这所宅院风格的诠释，虽然身在商

场，却传达了主人对文化的向往。

一进大门是宽7米、长80米的东西
甬道。沿着这条幽邃宁谧的小道，就进
入了另一个时空，右边北侧三院历史更
早，要上溯到清乾隆二十年（1755），
依次为东北院（老院）、西北院、书房
院（现为花园）；左边南侧三院，则为
东南院、西南院、新院。两侧六院像两
页翻展的史书夹着乔家祠堂，宛若昭显
在历史深处的核心与灵魂。

乔家大院的宅院分为两种类型：

北面的东北院、西北院是三进五连环套院。院落东南部设大门，入门是东
西狭长的外跨院，外跨院北设正院和偏院的二门。正院是二进四合院，门是在
两层的倒座上施垂花门，一进院正北是过厅，东西两侧各为三间厢房，二进院
南北狭长，东西厢房各五间，正房是五开间的两层楼。正院东为偏院，也是二
进院，有旁门与正院相通。

南面的三个院是二进双通四合院。东南院和新院一样，进门是外偏院。
跨院西北辟二门入正院。正院是一进，正南是主室，两侧厢房各五间。外偏院
正南有门通偏院，偏院是三合院。西南院略不同，大门进入正院，正院近主室
处，边门通偏院。

可见，乔家大院是一群四合院的有序组合。

在我国南、北方的不同地域都有四合院，但由于各地气候、风向、地形、
地貌以及人文习俗等诸多差异，各地的四合院不尽相同。云南的四合院平面组
合好像一颗印章，也被称作"一颗印四合院"；徽州及江浙的四合院由多个小
天井组成，称为"四水归堂"；北京的四合院宽敞豁亮；而乔家大院的四合院
是比较典型的分布在晋、陕两地的窄院型四合院，以庭院窄长为特征，其原因
主要有二：一是遮阳避暑，二是防阻风沙，节约占地。乔家大院之所以院落深
窄，除了当地的建筑习惯外，还和它所处的空间限制也有关系，是因地制宜的

产物。

院落地面都是方砖铺地，磨砖对缝，在砖缝中挂白灰和桐油和拌的油灰，以保证地面平整耐用。院里一般不种树木，院窄，种了树院内会太阴，缺乏光线。乔家大院的外花园里有花匠专门培植的花卉，供院里十四处花坛常开常艳。

一正两厢是乔家大院诸院落的基本模式，配以倒座、大门，成为单进院；加上垂花门、过厅、外厢，组成纵深串联的二进院、三进院；再并联侧院，形成主院与跨院的横向组合；最终，通过内外院的串联、正院和侧院的并联，构成网络交织的院落组群。

每个院落以纵深轴线后部的正房为主体，按祁县一带的风俗，正房多用作供神祖牌位和接待宾客、操办礼仪。四合院的正房必须为单数。如果地面只够盖四间的，那就得"四破五"，盖成三间标准正房，两边各盖半间耳房。在明朝午荣编的《鲁班经匠家经》里，有"一间凶、二间自如、三间吉、四间凶、五间吉、六间凶、七间吉、八间凶、九间吉"的说法。以阳数，即奇数为吉；以阴数，即偶数为凶。

东北院、西北院正北设二层楼，面阔五间，入口处雕饰富丽的门罩。

东北院有窗无门，由屋内楼梯上楼，墙厚窗小，有明朝的流韵遗风，当地人称为"统楼"，即两层的门房。其特点是一色青砖到顶，柁、梁、椽、件等木结构全部被封闭在青砖以内，除门窗以外不见木料，可以防火。前墙厚1.2米，后墙厚1.4米，非常结实，至今已有200多年的历史。

西北院楼上二层设前檐廊，廊柱间有砖雕花栏墙，柱头间施雕花雀替，斗拱三踩，檐下木构件施彩绘，当地人称为"明楼"。

这两座风格各异的楼修建的间隔时间是66年。

厢房才是主人的卧室。在建筑规格、材料、装饰上，厢房都要比正房的等级低。东厢房的地位高于西厢房，因为左为上。基本上是外院三间、内院五间，称"外三内五"。进深浅，空间不大，有时就采用"三破二"的办法，在外院正中设隔墙，将三间平分为两间，各占一间半。身为豪门，乔家不同于晋中的寻常人家，不用土炕，用的是暖阁，即在地下有烟道供热，相当于整个地面都是炕，取暖自然没有问题。

倒座就是南房，相对于正房而言，位置正好倒过来，故叫作"倒座"。装饰自然不如正房讲究，一般用作外客房或放杂物。东北院、西北院的倒座都是二层楼，与对面的正房统楼、明楼呼应，像两个中间凹两头翘的元宝，曾被人称为"元宝院"。

东北院、西北院有过厅，是供穿行的厅房，也做客厅用，请客时宴席就摆在这里，窗扇、窗格的装饰都比较考究。夏秋宴客，其这里凉风习习，感觉自然凉爽。

乔家大院的房屋多用单坡屋顶，因为向院子倾斜的单坡顶，后檐升高，外墙直抵屋脊，与两边房檐交圈连成一线，形成高墙环围，可以加强防御。而且每院房顶有走道相连，有可俯瞰全院、遥望村外的更楼，日夜巡逻的更夫就住在更楼上。虽然单坡房顶能将雨水汇入院中，因其可聚水，谓之"四水归堂"，实际上它更是为了防御，所谓"四水归堂"只是追求吉祥的表现。

乔家东北院、西北院的过厅，也就是厅堂，采用了五间八架的结构，就是为了体现主人乔致庸的次子乔景俨二品官员的身份。因此，此二厅堂除了实际功能，也是标明主人身份地位的建筑符号。

礼制的等级在乔家房大院屋的宽度、深度、屋顶形式及装饰程度与样式都有充分的体现。像所有建筑一样，乔家大家的宅院也形象地体现了礼制的内

容，成为一种身份的标志与象征。

通过房屋的结构、造型及其组合的空间序列特征，如轴线贯通、主次分明、内外有别、秩序井然，乔家大院比较典型地反映了宗法社会的等级礼制。

在细节上，还有许多体现，如从大门、二门、过厅到正楼，院落地坪渐次升高，偏院地坪比正院低；里院长辈住，外院和偏院晚辈住；仆院的门和门闩在正院一侧等。每个细节都体现了宗法社会所追求的家族秩序，高低尊卑。

此外，乔家大院独立院落的秩序和总体空间的变化还体现了阴阳互动的传统风水文化。

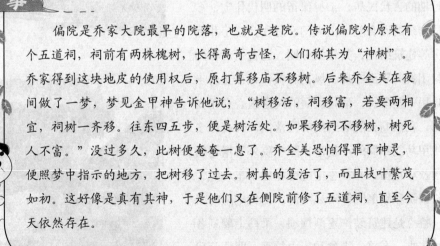

偏院是乔家大院最早的院落，也就是老院。传说偏院外原来有个五道祠，祠前有两株槐树，长得离奇古怪，人们称其为"神树"。乔家得到这块地皮的使用权后，原打算移庙不移树。后来乔全美在夜间做了一梦，梦见金甲神告诉他说："树移活，祠移富，若要两相宜，祠树一齐移。往东四五步，便是树活处。如果移祠不移树，树死人不富。"没过多久，此树便奄奄一息了。乔全美恐怕得罪了神灵，便照梦中指示的地方，把树移了过去。树真的复活了，而且枝叶繁茂如初。这好像是真有其神，于是他们又在侧院前修了五道祠，直至今天依然存在。

襄汾丁村民居

丁村位于襄汾县城南4千米的汾河岸边，南同蒲铁路和太原至风陵渡公路均由村旁经过。村内保留有明清两代民居20余座院落。最早的建于明万历二十一年（1593年），较晚的建于清康熙、咸丰年间。明清时期丁村富商遍及海内，许多富商都集资在故里营建祖宅，所以丁村能保留一批明、清时期的古代民居。丁村保留的明代住宅，多是传统的四合院，由大门、过厅、正房和厢房等建筑组成，其轴线分明，为左右对称的封闭式的平面布局。风格朴实，只在正房上略用一些雕饰。清代民居的院落组合有了变化，在由高大院墙封闭的院落内，又有许多使用功能不同的小院落。除主院外又增建绣楼及小花园，并在主宅院旁增建了车马院、长工院和碾磨院等附属院落。清代宅院的另一特点是建筑装饰逐渐烦琐，梁枋上雕刻各种花卉、走兽、飞禽和历史故事。明清两代民居的窗棂纹样较多，多数较美观且实用。这组古代民居为研究我国晋南地区的经济发展、民风、民俗等提供了实物资料。

太谷曹家大院

　　太谷曹家大院，又名"三多堂"，是太谷首富曹氏家族宅院的一处堂名，现在留存的宅院就是以"三多堂"为名。"三多"，意为多福、多寿、多子。曹氏祖先从明末清初开始创业，到清道光、咸丰年间时达到鼎盛，曹氏于这一时期在太谷北洸村相继建造起了一批布局庞大的宅院，以"福""禄""寿""禧"字形建造的四座大院最具代表性，幸存下来的三多堂是其中的"寿"字宅院。

　　整个宅院坐北朝南，分南北两部分，南面为外宅，有药铺、账房、厨房、客房、书房、小戏台院等建筑，是家族进行公务活动的地方；北面则是内宅，是曹家人居住的地方，东西并排有三个穿堂大院，依次是多寿、多福和多子院，各院的布局是一样的，都是由倒座楼、前院、过厅、后院、统楼、偏院组成。在一般的民居中，二进的四合院都是外院厢房每边各三间，里院的厢房每边各五间，可是在三多堂内，里外厢房都是每边五间，这就使曹家的庭院看起来比祁县乔家、渠家的宽敞一些。

走过厢房，三座院落最北边的三座三层高的统楼是三多堂建筑的精华所在。这些楼的地基厚实、屋墙坚固，全部用1.8米和3.3米长的木柱打进地层，然后用砖、灰、土混合灌筑，地面加砌1.5米高的石条缠腰后才开始砌墙建屋。

现厢房内布置了"明清家具展"。统楼内设

珍宝馆，其中展出的清宫国宝金火车头钟最有来头。它是法国献给清廷的贡品，用黄、白、乌三种金制成，重量在20千克以上，上面有时钟和晴雨表，上好发条后还可以沿着轨道行进。这座钟是慈禧太后逃往西安路经北洸村时向曹家借款的抵押物。

蒙古包

蒙古包是适应游牧生活方式而建造的装配式可移动的居住建筑，是内蒙古自治区典型的传统民居之一，至今已有2 700多年的历史。

蒙古包为毡木结构，构造简单，轻便耐用，易于拆装，便于迁移，可就地取材。其骨架由统一参数的"哈那"（墙，沿蒙古包周边设置可伸缩的网状木杆架）、"陶脑"（天井，蒙古包顶上的天窗圆木杆）、"乌尼"（顶架，是连接哈那和陶脑的木杆，即椽条）等标准构件组成。

蒙古包平面呈圆形，直径一般为4米左右，面积在12~16平方米之间，边高1.4米左右，包中高2.2米左右，包内空间体积为同等面积矩形房屋体积的2/3，空间较小，便于节约能源，并适合用牛粪、羊砖等草原上仅有的可燃材料采暖。蒙古包一般架设在地势较高的地方，以避免积沙积水。下部有一圈活动毛

毡，夏季掀开后可四面通风。地面铲去草皮，略加平整，有条件时铺沙一层，沙上铺特制加厚毛毡、地毯2～3层。

大型蒙古包直径约在5米～8米之间，"陶脑"直径在1.2米～2米之间，随其直径大小，"陶脑"数量为2根～4根不等，也有将"陶脑"放置在由4根立柱支撑的方形木框上。其制作及安装方法与小型蒙古包相同。多用于草原盛会"那达慕"或人口众多的富裕家庭。

蒙古包入口朝向为正南或东南，便于采光。包内正对入口处为主位，是主人居处。主位左为供佛处，或摆设珍贵物品，再左为客位；右为箱柜，再右为妇女居位。入口之左放置鞋靴，右为餐具燃料。全包中央则为火塘（即地灶）火架。包顶正中"陶脑"用于采光和通风，起天窗作用，毡子白天开启，晚上掩盖。

蒙古包内，"乌尼"、"陶脑"及门框均刷有红色油漆，"哈那"内衬有蓝色布幔，门内外表面均绘制有彩色图案。蒙古包的外表面，在雪白的毛毡

上，装饰着由红、蓝、黄等颜色的布料做成的如意花纹。

　　一户牧民拥有的蒙古包多达6座～8座，在游牧时一般约有20座～30座蒙古包分群聚集一处。由于经常迁徙，其拆卸或安装常需在1小时内完成。一座蒙古包总重300千克左右，搬迁时，分别装在勒勒车（一种轮径较大的木轮车）上，用马或牛牵拉。群包每迁移到一个新的地方，会根据草场的不同，采用不同的总体布置方式，一般来说主要有三种：满天星斗式，即一个个蒙古包在草原上星棋罗布；周边式，在一个大"塔拉"即丰美的草场四周布置蒙古包；沿河式，即沿河流两岸布置蒙古包。

　　此外，还有用生土或砖石建造的固定式蒙古包。现在也有用其他材料建造的蒙古包，如复合板蒙古包、钢骨架蒙古包等。

小故事

　　按照蒙古族人的居住习俗，在蒙古包后面立着一根光秃秃的木头杆子，人们十分敬重它，平常不准外人靠近。

　　据说，汉朝的苏武出使匈奴，被匈奴王流放在北海边。他刚到不久，降将李陵便奉命来劝苏武投降，不料被苏武痛骂一顿，还要举节棒打他，吓得他慌忙逃走。从此，匈奴王不给苏武饭吃，苏武便自己开荒种粮食。不论是放羊打草、种地干活，还是行居坐卧，出使的节棒一刻也不曾离开苏武的身边，天长日久，节棒上的飘带和旄球都磨掉了，但他还是带在身边。当地牧民见了，都非常敬佩他。苏武被汉朝迎接回国后，当地人民怀念他，便都在蒙古包后边立了一根光溜溜的木杆，作为苏武当年时时留在身边的节棒的象征。

满族民居

吉林省吉林市乌拉街镇是一个古老的满族发祥地，至今还保留着许多满族民居建筑。

乌拉街镇"后府"的始建者是赵云生，1880年他任乌拉总管，当时颇受慈禧太后宠爱。1894年开始，他用三年时间建成了气派宏大的"后府"。"后府"原为二进四合院，占地近10 000平方米。但现仅存正房、厢房各一栋。

整个民居院落按中轴线展开，布局严谨，正房居中，两厢房避开正房布置。院落开阔，光线充足，通风良好，正房开间进深均较大，两厢房及外院各房依次渐小。居者的尊卑贵贱和严格的等级观念从单体建筑的尺寸上也能明显看到。

在单体建筑中，卍字炕和落地式烟囱是满族民居的突出特点。正房为五开间，分成堂屋和东西两间，四间采用扩间手法加宽。按满族习俗，以西为大，卧房西山墙的"顺山炕"专供摆放祭具，不可坐人，"顺山炕"连接的南、北炕除晚上睡觉以外，也是接待尊贵客人的场所。东西厢房称为"下屋"，各

三间。其间数均取奇数，此为满族民俗使然。东下屋以北为大，西下屋以南为大，居者亦按大小辈分排列。

屋面坡度较陡，用小青瓦铺就。外墙用青砖砌成，磨砖对缝。硬山式山墙，圆山式山尖，前后各有腿子墙伸出，上部镶有精美的砖雕图案"枕头花"，下部配以石作雕饰。山墙上部有漂亮的砖雕"腰花"。正脊及两山墙斜檐端部砌有外挑的脊头，鲜明的青灰、白色、赭石颜色相互搭配，尤显古朴、典雅、协调。

"后府"正房采用六檩六枚带前廊式。前廊大柱采用接柱式做法，与北京地区常用的小式构造有很大不同，此为北方满族民居常用的方式。木构架作为主要承重结构，而青砖外墙只是作为围护结构，这同汉族民居的做法基本相似。其他如顶棚、地板、门窗、炕罩、窗台板、隔断均为木制。建筑的门窗制作十分精美，为展示其美，一反东北通常做法，没有将窗纸糊在内侧，因屋盖出檐大，雨雪不会对窗纸起到破坏作用。

纵观满族民居建筑，既有女真人的遗风和京师旗人的建筑风格，也有明显的受中原文化影响的印痕，是一种具有鲜明地方特色的建筑形式。

石库门里弄民居

　　石库门里弄民居是上海里弄住宅的早期类型，19世纪后期兴起于英、法租界。最初由江南传统的民居并合联立而成，后受城市家庭结构及生活方式的影响，而逐渐衍化为适合于近代城市普通居民生活的建筑形式。因为每户住宅单元都设有石库门式的入口大门，故得名"石库门住宅"。

　　石库门里弄民居分新、老两种形式。老式住宅是由江南传统民居单元按联排式布局而构成密度稍高的里弄住宅，最初出现于英租界，由外籍地产商经营，多为乡绅所居，住宅格式仍沿用传统民居的三合院或四合院布局，多为三

间二厢，少数大户做成五间二厢，宅居前后设有天井。民居前部为主楼，高两层，后部为平房，结构用料也沿用以往民居的做法，外墙用纸筋石灰，构造简易，也不计较朝向。各户入口大门均采用石发券，有三角、长方、半圆、弧形等形式，上饰凹凸花纹。建筑装饰风格也分早、晚期，初期仍保持江南民居的传统地方特色，后期受外国建筑影响，于细部装饰处理上引入了西方式样。

新式住宅由老式住宅衍化而来，出现在20世纪20年代左右。在建筑平面布局中，由三间二厢改为单开间或二间一厢，层高降低，楼层增至2层～3层。户内楼梯分户设置，并在平台转角处增设"亭子间"。民居建筑的通风、采光等条件也有改善，装饰及用材均趋于简化和欧化。同时，将里弄的规模增大，有的弄居达到了500多户人家，并分设总弄和支弄，弄宽由原来的3米扩至4米以上，但宅间仍作欧洲行列式的毗连布局。

里弄住宅最后成为我国江南地区近代城市住宅的基本形式，为城市中、下阶层所居，同时也成为上海近代城市建筑的一大特色。

吴江同里民居

同里位于江苏吴江东北，全镇总面积为100平方千米，人口共计5万余人。同里旧称"富土"，唐初，因其名太侈，改为"铜里"。到了宋代，将旧名"富土"两字相叠、上去点，中横断，拆字为"同里"，同里镇名由此而来。

同里镇风景优美，镇外四面环水，古镇镶嵌于同里、庞山、叶泽、南星、九里五湖之中。镇区被"川"字形的15条小河分隔成7个小岛，而49座古桥又将小岛串为一个整体。镇内街巷逶迤，河道纵横，

家家临水，户户通舟，具有独特的水乡风貌，素有"东方小威尼斯"之称。有诗曰："水乡同里五湖色，南北东西处处桥。水泊扁舟通万里，市区来往但轻摇。"

同里优美的环境、便利的交通和丰富的物产成为富豪乡绅退隐闲居、休憩颐养终老之地，因此镇上多深宅大院，多精良民居。镇志记载，从公元1271年~1911年先后建成宅园38处，寺、观、祠、宇47座，数百户士绅府第都有一定规模。全镇现存有耕乐堂、三榭堂、明优堂、承恩堂、侍御第、王鹤门楼等明代建筑10余处；清代建筑较完整的有退思园、崇本堂、嘉荫堂、务本堂、慎修堂、庆善堂、任氏宗祠、庞氏宗祠、陈去病故居等数十处。被专家称为"明清建筑博物馆"。

退思园系清朝兵备道任兰生落职回乡后所建的私宅花园，"退思"二字取《左传》中"进则尽忠，退思补过"之意，由于园主官场不得意，遂退居故里，追思人事沧桑。园占地仅6 000余平方米，设计者是同里镇画家袁龙。这是一座十分精致且别具匠心的私家园林。退思园的布局自西向东，左为宅，中为庭，右为园，横向展开，别出心裁。古园林建筑家陈从周教授曾在《说园》一书中说："任氏退思园于江南园林中独辟蹊径，具贴水园之特例。山、亭、馆、廊、轩、榭皆紧贴水面，园如浮水上。其与苏州网师园诸景依水而筑者，予人以不同景观，前者贴水，后者依水。所谓依水者，因假山与筑物等皆环水而筑，唯与水的关系尚有高下远近之别，遂成贴水园与依水园两种格局。皆因水制宜，其巧步构思则又有所别。设计运思，于此可得消息。""贴水"一语道出了退思园的特色精华，造园者把江南水乡人们对水的喜爱和对水的崇拜，表达得透彻而生动。园中以池为中心，一泓澄碧的水，满满当当，楼、阁、亭、台皆紧贴水面，就像漂浮在水面上，俯身伸手即可搅到池水，池里的金鱼吮吸你的手指，岸边的枝条芜草倒挂到水中，一座小桥、一条回廊、一艘石舫、一平方台都临水、跨水、卧水，最大限度地和水连接在一起，把游园的人们尽量拉向水面，推到水边。与水亲近是人们最惬意的享受，袁龙用建筑表达了水是万物的生命之源，这就是退思园的精妙。

自明清以来，江南地区的大宅富户盛行砖雕、木雕，以此互相攀比，标新立异，形成一种风气，给我们留下许多极为精彩的艺术佳作，也是江南民居的一大特色。同里镇嘉荫堂的砖雕、木雕就极为精细。

嘉荫堂位于竹行街尤家弄口，其最出色的是主厅的木雕。五架梁两侧中心刻有"八骏图"，梁两端刻有"凤穿牡丹"，梁底刻有"称心如意"和"必定高中"图案，这是江南民间的吉祥俗语，一个是用一柄如意来表示，另一个是用一支笔和一个银锭的形象以谐音来意喻。最为精妙的木雕是镂空雕刻在"纱帽翅"上的《三国演义》戏文中的情节，共8幅。在该厅前部轩的部分梁木上所雕刻的纹饰全为花卉图案，中间双步梁两侧是"梅兰竹菊"四君子。东西尽间双步梁上刻的是"国色天香"（牡丹）和"凌波仙子"（荷花），落地长窗裙板则配以"春兰、秋菊、夏荷、冬梅"，东边一幅白玉兰寓意"金玉满堂"，西边一幅木樨花寓意"蟾宫折桂"。

内宅堂楼名为"衍庆楼"，石板天井，地上有"五福捧寿"图案，即周围刻有5只蝙蝠围绕一个寿字花纹。楼前是一座仿木结构的砖雕门楼，青砖不粉刷称"清水"。这些砖都是特制的，质地特别坚固细腻。砖是一块块的，要拼接，但不能有粗大的接缝，在工艺上叫"磨砖对缝"，正面出现的缝只能是一条细线。把接缝做在背面，还要保证砖的牢固。这座门楼上，上枋刻有"暗八仙"浅浮雕，所谓"暗八仙"就是传说中的八仙手中所拿的8件宝贝。下面门额题字刻有"厚道传家"四个大字，指点后人应遵循诚恳待人之道，并表

达了应以此世代相传的愿望。衍庆楼内"纱帽翅"上刻的图案是教育子女儿孙要尽孝道的二十四孝图案。五架梁两侧刻的是"伯乐相马""羲之爱鹅""松下寻隐""踏雪寻梅"等8幅深浮雕。这些木雕都具有含意，隐喻了屋主人的意愿。木雕按功能来设置内容，客厅要热闹、高雅，后堂要安静；教育子女要成才孝顺。这种艺术手法只有江南最为精细、丰富，故而成为重要的历史文化遗产。

同里古镇上的宅院住户大都傍水而居，以河为骨架，依水成街。河内通舟，河沿走人，一座座的桥，一个个的河埠，沿河垂柳，绿枝拂水，巷内深邃，幽静宜人，屋瓦连绵，白墙花窗，让人感觉静谧安闲。

昆山周庄民居

　　周庄，春秋战国时期为吴王少子摇的封地，称"摇城"，后又称"贞丰里"。此后这里一直是农业、渔业区。元代中期，由湖州南浔徙居于此的沈万山利用周庄镇北白蚬江水运之便，西接京杭大运河，东北走浏河出海通蕃贸易，遂成为江南巨富，周庄也因此成为粮食、丝绸、陶瓷、手工艺品的集散地，发展成为苏州蒄门外的一座名镇。

　　周庄四面环水，就像浮在水上的一朵睡莲，北有宽阔的急水港、白蚬湖，南有南湖与淀山湖相连。南北市河、后港河、东漾河、中市河，形成"井"字形，沿河两侧顺延成8条长街，粉墙黛瓦、花窗排门的房屋傍水而筑。有河有街必有桥，周庄桥多，是其特色之一。河是路的一种，桥是路的延续，小桥、流

水、人家，优美、静谧、和谐。

富庶繁盛的江南水乡，是由"街"表现出来的。走进周庄古镇，踏在清爽坚实的石板路上，两旁店铺林立，人来客往，呈现出一派热闹景象。街紧挨着河，尽得近水之便，街道不宽，不过3米~4米，最窄的一段只有2米多，临街全是店面。街道上空还有过街楼，感觉特别拥挤。但开敞的店面、琳琅满目的货物、香味诱人的食品、笑脸相迎的店主，使小镇充满了温馨的乡情。沿街开商店的很多是长住的镇户，房屋的形式也就成了前店后宅或下店上宅。

周庄虽历经900多年的沧桑，却仍完整地保存着原有水乡古镇的风貌和格局，全镇60%以上的民居仍为明清建筑，仅有0.4平方千米的古镇上有近百座古典宅院和60多个砖雕门楼。如元末明初巨贾沈万山后裔沈本仁所建的沈厅、明初中山王徐达后裔所建的张厅，都是明清住宅的典型。

沈厅位于富安桥东南侧的南市街上，坐东朝西，七进五门楼，大小共100多间房屋，分布在100米长的中轴线两侧，占地面积为2 000多平方米。沈厅原名"敬业堂"，清末改为"松茂堂"。清乾隆七年《周庄镇志》记载："沈本仁早岁喜欢邪游，所交者皆匪类。及父殁有人言之：'不出三年，必倾家者'。本仁闻之，乃置酒，召诸匪类饮，各赠以钱，而告知曰：'我今当支撑门户，计不能与诸君游也'。于是闭门谢客经营农业，于所居大业堂侧拓敬业堂宅，广厦百馀椽，良田千亩，遂成一镇巨室。"沈宅共由三部分组成：前部为水墙门、水河埠，是停靠、洗涤船只、用的码头；中部为靠街楼、茶厅、正厅，为接送宾客、办理婚丧大事及议事之处；后部为大堂楼、小堂楼、后厅屋，是生活起居处。整个厅堂是"前堂后寝"的格局。前后楼之间均用过楼或过道阁相连，形成一个大的"走马楼"，在同类建筑中较少见。

大厅中悬泥金大字"松茂堂"，为清末状元国民政府第一任农工商部长南通张謇所书。厅房宏大，面阔进深均为11米，前有轩带廊，梁柱粗大，刻有蟠龙舞凤等花饰，面对正厅有精细的砖雕门楼。正中匾额是"积厚流光"四字，四周额框是红梅迎春的砖刻浮雕，其余刻有戏曲人物、花卉走兽等，无不玲珑剔透，为砖雕艺术中的精品。沈厅近年经全面整修，恢复了原来的陈设，供游人参观停歇。

张厅位于北市街双桥之南，原名"怡顺堂"，为明代中山王徐达之弟徐逵后裔于明正统年间所建，清初转让张姓，改名"玉燕堂"，俗称"张厅"。张厅前后六进，房屋70余间，占地1 800多平方米，为江苏省重点文物保护单位。

同时，周庄还保存了14座各具特色的古桥，以及迷楼、光澄道院、全福讲寺、南湖、叶楚伧故居等旅游名胜。

周庄全镇以河成街，桥街相连，依河筑屋。深宅大院、重脊高檐、河埠廊坊、过街骑楼、穿竹石栏、临河水阁，古色古香，水镇一体，呈现一派古朴、明洁的幽静。周庄集聚了中国水乡之美，为江南第一水乡。

甪直民居

甪直古镇地处苏州市境内，北靠吴淞江、南临澄湖、东临昆山，与上海市相距50千米，素有"五湖之厅"（澄湖、万千湖、金鸡湖、独墅湖、阳澄湖）、"六泽之中"（吴淞江、清水江、南塘江、界埔江、东塘江、大直江）之称。据《甫里志》载：甪直原名"甫里"，因唐代诗人陆龟蒙（号甫里先生）隐居于此故名。后因镇东有直港，通向六处，水流形如"甪"字，故改名为"甪直"。

甪直古镇处于江南水网之中，城镇濒水而筑，汇水成市，全镇有本市河和马南市形河成的"L"形转折，沿河筑满房屋，形成一河两街、桥梁纵横的格局。整个古镇从古庙保圣寺为起点向东北展开，河这边一道长街排满了店铺，河那边是安静的民居。一座座青瓦白墙的楼房，石河沿、石造的拱桥，都是古代的遗物，古韵浓厚。

镇上的河道都以条石护壁筑成驳岸，长千余米，既保证了河道的整齐美观，又防止了河道因驳岸倒塌而造成淤塞。驳岸上可以建造房屋，不少大户人家和商铺门前的驳岸都建造得十分考究，大块平整的石板，拼缝密合，非常精细。岸壁上还嵌有排水的洞口和拴船缆绳的系船石，就像缆绳在牛鼻子上一般，所以当地人称之为"船鼻子"。这在江南水乡许多古镇里都能看到，但甪直古镇上的船缆石特别多且造型特别讲究。这些船缆石大多一尺见方，有两个对穿的孔，利用这两个孔洞雕琢出各种花样，有如意、宝胜、寿桃、花瓶里插三根（平升三级），也有仙鹤、奔鹿、灵芝、蕉叶等。这些既实用又富有艺术性的船缆石是甪直镇的一大特色。

沿河驳岸上还筑有许多河埠，这些河埠有单边的，有双边的，有从屋里伸向水面的，有靠着外墙的，有的水埠上面有遮雨的屋檐，有的就悬挑在水面上，各种式样。河埠上不时有人蹲着洗菜、淘米，也是水乡一道美丽的风景。古镇桥多，被冠以"桥都"的美名。1平方千米内原有宋、元、明、清时代的石拱桥72座，现仅存41座。桥型各异，造型独特，有多孔和独孔的石桥，也有大小不一的拱形和平顶桥等，被誉为"桥梁博物馆"实不为过。镇内桥街相连，河水相通，名胜古迹星罗棋布，遍布在每个角落。

甪直老街仅宽3米～4米，两侧都是商店，而且店店相连，偶有空缺之处，则是通向河埠的出口。店铺面积不大，和宅居连在一起，形成下店上宅或前店后宅的格局。甪直小巷只有两三米宽，大多是粉墙黛瓦、木门木窗，间有石门高墙便是大户人家。古镇上还有很多古代园林建筑的遗存，其中以沈宅和萧宅最为著名。沈宅始建于清光绪年间，是清末同盟会会员苏南贤达沈柏寒先生的故居。沈宅地处甫里八景之一的"西汇晓市"附近，原建筑面积为3 500多平方米，为典型的江南园林式民居，是沈氏众多产业中布局最好的宅第。

萧宅位于甪直镇中市上塘街，始建于清光绪十五年（1889年），是江南民居的佳作。萧宅坐西朝东、背园面街，是甪直古镇现存最为完好的清代古建筑之一，占地1 000多平方米。全宅结构严谨，布局巧妙，雕刻精致，充分体现了

江南民居独特的艺术风格，堪称江南私邸中的精品。萧宅共有五进，依次是门楼、茶厅、楼厅、厢楼、饭厅，其中茶厅、楼厅是其精华所在，厅内梁、柱都雕有各式图案，寓意吉祥。第一进与第二进、第二进与第三进之间各有一座砖雕门楼，分别刻有由清末苏州名士尤先甲所题的"积善余庆""燕翼治谋"等字。

著名的教育家、文学家叶圣陶曾于1917年应聘到吴县甪直任教，他称甪直为自己的第二故乡。因他偏爱银杏，故在其去世后，被人葬于甪直四棵古银杏树（甪直保圣寺）旁，地方政府还专门修建了叶圣陶纪念馆，供人们瞻仰。

万盛米行位于甪直古镇南市，始建于民国初年，由镇上沈、范两家富商合伙经营。曾是当时吴东地区首屈一指的米行，成为甪直及其周围10多个乡镇的粮食集散中心之一。叶圣陶先生的名作《多收了三五斗》就是以万盛米行为背景创作的，万盛米行也随之名扬海内外。

绍兴 "三味书屋"

　　"三味书屋"是鲁迅先生少年时代读书的私塾，是塾师寿镜吾先生私宅的一部分。书屋建于清朝末年，距今已有100多年的历史，具有江南水乡民居的特点。

　　书屋是寿家台门东首的一排平房，坐东朝西，北临小河，与周家老台门隔河相望。西距鲁迅故居百步左右。书屋为平房，布局灵活自由，房屋沿河而建，屋前水街相依。入口大门前为敞廊，从街上进大门，则需经邻宅寿家台门（即大门）前的石板桥，折路经敞廊才能到，进路曲折别有风味。水埠敞廊在此河道内收成为独用埠头，这种处理十分便于以舟为主的水网交通。

　　三味书屋平面为长条形，由大门入，沿屋檐下行走，为一狭长天井，天井侧边为檐廊。内院较窄，

分为三进。内院东侧为书屋，西侧与寿宅有门相通。内院廊道用青条石铺面，天井内则用乱石块铺地。建筑天井除有通风、采光的作用外，还形成内部空间的层次及情趣，产生宁静、素雅的环境气氛。书屋为三开间，正中挂一块白底黑字的大匾，上书"三味书屋"，蓝地洒金屏门上是一幅中堂画，两边柱子上贴一幅抱对。室内有方桌、太师椅、茶几及八九张式样不一的课桌椅。屏门之后有小门与屋后一小园相通，园内植有蜡梅、天竹、桂树、花草等。

书屋结构为叠梁式与穿斗式混合使用。叠梁式用于中跨，穿斗式用于山面，这样可获得较大的室内空间。屋面为望砖，上铺小青瓦。书屋格调朴素高雅，整体布局舒适，外观平缓简练，空间开朗，尺度宜人，粉墙黛瓦，色泽淡雅，古朴自然，与环境十分协调。

桐乡乌镇民居

　　乌镇是江南六大古镇之一，为浙江省北部嘉兴所属的县级市桐乡市所辖，位于两省（浙江、江苏）、三府（嘉兴、湖州、苏州）、七县（嘉兴、嘉善、吴兴、吴江、吴县、湖州、桐乡）的交汇处。春秋时，乌镇曾为吴疆越界，战事频繁，吴国驻兵于此以防御越国，故得名"乌戍"。古人因此地土质色深，黛而肥沃，于是以"乌"来命名。乌镇此名最早见于唐代，宋嘉定年间，以车溪（今市河）为界分为两镇，市河以西为乌镇，属吴兴县（今湖州市），市河以东称"青镇"，属桐乡市。新中国成立后，乌青两镇合并，统称"乌镇"。乌镇是一座保存得相当完整的江南水乡古镇，东、西、南、北四条老街呈"十"字交叉，构成双棋盘式河街并行、水陆相邻的古镇格局，体现出江南以水建市的特点。

  乌镇繁盛时分五栅，即东栅、西栅、南栅、北栅、中栅，实际上就是由十字河形成的十字街，河侧为街。北栅衰落较早，以西栅最为兴盛。乌镇因以水稻和养蚕为主业，所以还保持着一些江南农村的风情和建筑格局，尤见于西栅老街。那些店面和房屋的样式还有一种"老通宝"时期的遗韵，100多米长的街上就有大大小小17个茶馆。老街路面都由长条石板铺成，以木作门面。现存用排门板的大多是商铺，大的铺子三、五、七开间，小店只有一个开间。沿河的只有一进，下店上宅，另一侧则是前店后宅，并有宅户四五进的大府第。沿街店铺都注重店面装饰，横梁常雕有花饰、人物花草，各家都不一样，这是当时工匠们展现手艺的机会，也形成了乌镇老街的一大特色。

  乌镇街道上清代的民居建筑保存得相当完好，这些古民居依河而建，与河上的石桥共同构成了小桥、流水、古宅的江南古镇风韵。当地的居民至今仍住在这些老房子里。古建筑的梁、柱，门窗上的木雕和石雕工艺精湛。其中，朱厅、宋厅较值得观赏。乌镇民居的另一大特色是临河的吊脚水阁楼，这些水阁挑出河沿，下部以木柱或石柱支撑。这是充分利用水面以减少陆地上土地的占用，所谓占水不占地。因为乌镇古代河面没有陆上管得严格，居民就钻了这个空子。另外，靠近河边的人家多备有小船，在住房上搭起水阁，屋下就留有了一个泊船的地方，一家如此，家家仿效。这些水阁悬空于水面之上，显得格外轻巧、空透。河沿有石级入水，水阁楼上开启着长窗，尽量接近水面，充分体现了水乡居民的亲水感情。此外，乌镇依河道而建的廊棚极富水乡韵味，也是古镇上典型的建筑。

乌镇文风蔚然，名家辈出，中国现代著名作家茅盾就出生于此，他的许多散文、小说都描述了当年乌镇的风土人情。

古镇留有茅盾先生的故居，是日本风格的建筑，分为东西两个单元，前后两进，中间各有两个石板天井。现已被辟为茅盾纪念馆，可供游人参观。另外，乌镇还有香山堂、江南百床馆、居家民俗馆、高公生糟坊、宏源泰染坊、乌青水龙会、江南木雕馆、余榴梁钱币馆、修真观、翰林第、皮影戏馆、汇源当铺等多处旅游景点。

乌镇的水乡之盛、风景之美、历史文化之浓郁，令人游赏不尽！

南浔民居

南浔镇地处太湖之南，位于浙江湖州，与苏州紧邻。南浔建镇已有700多年的历史，南宋时，曾名"南林""浔溪"，后取两名首字合称"南浔"。明朝万历至清代中叶为南浔古镇经济最繁荣鼎盛时期，据《江南园林志》云："以一镇之地，而拥有五园，且皆为巨构，实江南所仅见。"在中国近代史上，南浔是一个罕见的巨富之镇，被称为"四象八牛七十条金黄狗"的百余家丝商巨富所产的"辑里湖丝"驰名中外，成为"耕桑之富，甲于浙右"。南浔名胜古迹众多，与自然风光和谐融洽，一条市河穿镇而过，古老的石拱桥、整齐的石驳岸、沿河的小街水巷、依水的民居粉墙黛瓦，依然是旧日的模样，既充满着浓郁的历史文化底蕴和灵气，又洋溢着江南水乡古镇诗画般的神韵。

今天古镇上的景点，主要是明清时期的富商留下的豪宅、私家花园、私家藏书楼等。南浔与同属江南名镇的乌镇、西塘相比，镇上的几处大宅与私园可称得上"奢华"二字，而乌镇、西塘的富家宅院大多不显山露水，要朴素得多。

小莲庄位于镇西南万古桥西，是晚清南浔首富"四象之首"光禄大夫刘镛的私家花园，建于1885年～1924年间。元代著名书画家赵孟頫，曾在湖州建有莲花庄，刘镛追慕赵氏的文采，故将他自己造的园称为"小莲庄"。小莲庄由园林、刘氏家庙和义庄三部分组成。园林部分有外园和内园，外园以占地6 000余平方米的荷花池为中心，荷池古称"挂瓢池"，池水清碧，满植藕莲，亭、廊、房、楼绕池布置，石径弯曲，花木扶疏，池面宽广，云天倒映，建筑朴实，疏朗有序。西岸有长廊，临池有"净香诗窟"、水榭和法国式楼房"东升阁"。西为"养新德斋"，植蕉满庭，窗明几净。东有石桥小榭称"退修小榭"，突出水上，凌波倒影，别具一格。内园位于东南角，以假山为中心布局，北有高墙与外园相隔，假山玲珑峭削，山道盘旋，山顶有小亭，可远眺田畴，西北山麓有小河环绕，墙下筑有"掩醉轩"，左侧有小方亭。花园西部，昔日为刘氏家庙，门前立有两座石雕牌坊，精致小巧，虽建造在狭窄的墙门通道内，但显得高耸肃穆。家庙共三进，为门厅、大厅与后厅，后厅采用走马楼式，名"香德堂"，为悬挂祖宗画像之所。家庙西落为义庄，共两进，前为平房，后为楼房，庭院中有古桂两枝，故又名"桂花厅"。再往西则为后园，河渠清澈，古樟高大，清净幽深。

嘉业堂是江南著名藏书楼，因溥仪题赠"钦若嘉业"金匾而得名。楼主刘承干是小莲庄创建者刘镛之孙，他生平最爱书籍，凭借所继承的巨额遗产大量购买古籍，成为江南著名的藏书家。他于1920年开始兴建嘉业堂，1924年落成，占地1万余平方米。藏书楼呈正方形，是回廊式的两层楼房，面阔七开间，上下有库室共52间。楼下有"诗萃室""宋四史斋"，楼上辟有"求恕斋""希古楼""黎光阁"等，均为藏书之所。后排正房，清末代皇帝题赐的

"钦若嘉业"的金字匾额就上悬于此。楼中为一大天井，地面石铺平整，可供晒书。楼东侧有平房三进，名"抗昔居"，供贮书板、编校、会客之用。楼外有花园，园中有荷花池、曲桥，有亭三座。环池点缀山石，其中有一座高3米余的奇峰，石有孔，人吹之发虎啸之声，名"啸石"，上有清代大学士阮元的题字。园内树木茂盛、环境静谧，实为读书求学的好地方。

张石铭故居位于南栅南大街，是南浔保存最好、最完整且具有中西建筑风格的古宅。故居前临得溪河，后依鹤鸽溪，始建于清光绪年间。整个大宅占地面积近4 000平方米，建筑面积为6 000多平方米，有大厅三进和西式楼房50多间。故居正门为轿厅，有腰门与后进相通。二进正厅面阔三间，又名"懿德堂"，该厅专供喜庆婚丧等大典之用。正厅之后为堂楼，又叫"女厅"，楼上供女眷居住。三进为内厅，因两侧廊庑窗根嵌石刻蕉叶，形态逼真、雕工精良，故称"芭蕉厅"。四进为西式洋楼及西洋舞厅，楼内及大厅的装饰、建筑材料大多数从法国购置，建筑墙面屋顶均用洋红砖瓦砌筑。五进为后花园。

此外，还有东大街的张静江故居、董家弄的世德堂和寿俊堂、百间楼、颖园、适园等古宅私园及宋代古石桥，更是古风俨然，让人流连其中，尽享浓郁的水乡气息。

西塘民居

西塘古镇位于浙江省嘉善县境内，西塘的历史悠久，早在春秋战国时期，这里就是吴越相争的交界地，所以有"吴根越角"之称。相传春秋时期，伍子胥曾出兵于此，开凿河塘以兴水利，称"伍子塘"，也称"青塘"，"青"与"西"音相近，后遂称"西塘"。元代，这里因为水路四通八达渐成市集，至明清愈见兴盛。

西塘地势平坦，河流纵横，自然环境十分幽静。古镇依河而建，主要的十字河道成为全镇的骨架，南北向称"三里塘"，长0.83千米，最宽处约22米，东西向的西塘港长1.2千米，宽20米，其他河道都交汇于这两条主河。全镇面积约为1平方千米，镇上有人口13 000余人。古镇存有完好的明清建筑群落，廊棚和古弄堪称"双绝"，具有别样风韵。

到了西塘，必然会被那穿越城区的河流和两岸的景色所吸引。西塘以"桥多、弄多、廊棚多"而闻名于世，处处碧波荡漾，家家临水而居。特别是在高耸的拱桥上眺望，那沿河绵长的长廊，灰瓦蜿蜒，屋檐下的廊柱在河岸上一根根有节奏地排列着，映漾着清亮的河水，把人们的目光一直引申到尽处。长廊中有几处供人休息的亭廊或是台廊，打破了线条的单调，老人们围坐着喝

茶、聊天，呈现出一派清闲与惬意的景象。对岸一簇簇高翘的马头墙，一家家临河踏级入水的水埠头，和另一边平直的廊棚真是绝妙的对比，一虚一实、一高一低、一黑一白，一条河把它们联系起来又分隔开来。当你闲步在长廊里，看到一式的木构架和砖铺地面，显得那样的纯朴。依着河沿漫步，看着河里的倒影水波，听着船娘的吟唱，你会找一处靠栏坐下，享受这难得的净化心灵的天地。

江南古镇的街市，沿街店铺门前常搭有棚布，使商贾顾客免受雨淋日晒之苦，后来有的就做成固定的廊棚，一端靠着铺面楼底，一端伸出街沿，撑以木柱，实铺了屋瓦，成为店铺门面的延伸。近代建筑学术语称之为"灰空间"，因为这个空间是介于店堂和走道之间的，行人在此可行可停，非固定的活动场所，这确实方便了顾客与行人。当然，做了廊棚的店铺生意就肯定比不做的好，一家店做，家家效仿，连成一气就变成沿街长廊了。再后来，地方政府为了方便行人，在沿街不开店铺的地段也搭起了廊棚，把全镇的主要街道串联在一起，从而形成了西塘全镇廊棚绵延达千米，下雨天不湿鞋、不打伞的情景。

古镇多小巷（俗称"弄"或"弄堂"），又以石皮弄为代表。石皮弄建于

明末清初，地处小镇西街西侧，南北向，弄长68米，弄口最窄处仅宽0.8米。石皮弄的得名，是因为铺地的石板薄如皮，全弄由166块花岗岩条石铺地，条石仅厚3厘米。据说，石皮弄原本是专供大户人家的男仆行走的通道。西塘的弄堂共有120多条，主要分布在西街。按弄堂的功能，可以分为三类：一是宅内弄，是整个建筑物的一部分，又称"陪弄"；一是水弄，前通街道，后通河道，居民可由水弄走到河边浣洗或上船；还有一类弄堂连接两条平行的街道。

离开石皮弄不远向东走几步就来到了种福堂，种福堂建于清康熙年间，是西塘镇望族王家的宅第，为典型的清代江南大宅建筑。而在西街兴建的薛宅则是民国时期民居建筑的典型代表。西园是西塘镇上最大的私家花园，内有假山、亭子、树木花草，还有延绿草蕴堂、养仙居、稻香园、秋水山房、墨家轩等建筑。

西塘保存了很多明清时期的建筑，所以建筑中的瓦当最早为明末清初的。西塘民居瓦当的造型非常丰富，江南民居屋面上铺的瓦片一般是半弧形的，称"蝴蝶瓦""小青瓦"。铺砌时一垅弧形向上承雨水成瓦沟，一垅弧形向下排雨水成瓦脊，互相扣拢成瓦垄，因此弧形向上瓦沟端部的瓦当称"滴水"，呈倒三角形，弧形向下的端部称"檐头"，瓦当呈长方弧形。檐头和滴水都有花纹。西塘民居瓦当主要有四梅花檐头瓦当、蜘蛛结网檐头瓦当、民国开国纪念币瓦当等。现在西塘的一些古屋顶上，长着近30厘米高的瓦草，据传是屋宅以前主人的魂灵附在了这些草上，才使它们长得如此茂密，佑护着古屋的宁静和久长，也佑护着古镇的繁荣和祥和。

东阳卢宅

　　卢宅位于东阳市吴宁镇东门外，南峙笔架山，北枕东阳江，东西雅溪分流环绕，这里丘陵起伏、河道纵横、面山环水、环境幽雅。

　　卢宅始建于明永乐年间，现存建筑是明清两代相继兴建的。卢宅是一座由数条南北向纵轴线组成的建筑群，房屋数千间，占地15万平方米。主要建筑是街北的肃雍堂，其东侧有世德堂和大夫第，靠北的有五台堂，南面临街有柱史第、五云堂、冰玉堂等，这里面其中有不少是明代建筑。雅溪以西的主要建筑还有卢氏祠堂（大部分已毁）、善庆堂、嘉会堂、宪臣堂、树德堂等。厅堂的主体部分用材粗壮，雕饰华丽，规模较大，多数是清中期的建筑。卢宅建筑群主要有六组，其中规模最大的是肃雍堂建筑群。

　　卢宅内大夫第入口门楼，其下是双扇黑漆大门，其上为双层屋檐，每层

都用砖砌挑檐。门楼旁用灰白墙面衬托，形象朴实。

卢宅厅堂在宅第建筑中规格较高，平面虽为三间，但檐高脊高，其梁架结构用重檐和斗拱。梁架、柱枯、挑檐、梁头、柱墩和雀替等部位施以彩绘、雕饰，其工艺多用圆雕、透雕，题材则有珍禽异兽、神仙八卦、福禄寿喜、山水人物等。

檐廊梁架挑出梁头，用木雕饰。题材还包括外国人头像和西方涡叶卷草，说明在清代晚期的江南建筑已受到西方建筑文化的影响。此外，梁架上有花斗、花拱，比较烦缛，说明清代晚期的装饰风格已走上烦琐和程式化的道路。

卢宅后厅檐廊，梁架无斗棋无装饰。檐柱有柱础，为鼓形，总的形象较简朴。

肃雍堂是卢姓大族的公共厅堂，建于明景泰七年（1456年）至天顺六年（1462年）间，建筑规模和地位都十分突出。肃雍堂面阔三间，两翼东西雪轩，为廊庑式建筑。大厅与后堂用穿堂相连，形成"工"字形平面，建筑为木构架，由两个"人"字坡顶组成，即所谓的"勾连搭"。肃雍堂共九进院落，是卢宅保存最完整的一条轴线，其布局为传统的前堂后寝

制。主体建筑肃雍堂，整座建筑规模宏大，屋顶为重檐歇山式，有斗拱，外观宏伟端庄。其梁用材讲究，雕刻精致细腻。前檐斗棋明间用平身科四攒，次间用三攒。进入屋内，满堂是目不暇接的色彩和繁花迷目的镂刻图案，极尽东阳木雕的技能。其梁架柱杭、挑檐等都采用当地有名的木雕装饰处理，匠人的工艺精湛，雕饰题材丰富、构图和谐，融东阳木雕与彩绘艺术于一体，显示了浓郁的民族文化与地方特色文化的结合。

目前，像保存得这样完整的明代住宅建筑群，卢宅是在国内唯一的，现已被列为全国重点文物保护单位。

兰溪芝堰村民居

芝堰村地处浙西兰溪市的西北边缘，毗邻建德市。该村扼守高山与平原衔接处的山口要道，历来是山林资源及农副产品的集散地。村落形成至今已有800年的历史。据《芝溪陈氏宗谱》记载，陈氏家族于南宋高宗时南渡，其中一支居建德芝溪（现属兰溪市），定居时因筑堰引水入村，故而得村名"芝堰"。

村址枕山倚溪，坐北朝南，冬暖夏凉，风和日丽，自然环境优越。村内建筑沿等高线布置，南北入口均有标记：北入口有两棵古樟夹道，南入口有古樟和台门。主街道呈南北走向，偏于村庄东侧，街面用长条青石铺砌。主街道两侧的民居建筑，有退有进、自由灵活，建筑的后退使多处街道形成局部的小广场，成为村民进行社交活动的场地。村庄西侧的次街道几乎与主街道平行，两道之间由小巷相通，形成方格形的道路网络。深街窄巷，清幽宁静。

芝堰村民居比较密集，相互紧靠，平面仍是传统的院落式，规则整齐，一般都有封火山墙相隔，大多做成马头墙。出入口大都设在山墙面，这是本村的特色。大门形式多样，组合丰富多彩，形象简朴优美。屋檐做砖雕饰面，门窗都设有砖雕或磨砖的门檐、窗檐，屋顶部分用马头墙与灰白墙面的组合，沿街的马头封火墙高低错落。

芝堰村水系布局十分合理。村庄地形东北高西南低，为拦东北侧山坡的雨水，在村东侧主街道设置了排水沟。引水渠与村西次街道平行，纵贯全村，引入的溪水清澈甘甜，是全村主要的生活用水。渠边间隔布置石砌埠头，供村民洗涤。村中道路边、门前屋后常年流水潺潺，有的农户还将水引入家中天井。涓涓清凉的水流，使整个村庄格外清新凉爽。引水渠末端的大水塘，既起到蓄水、洗涤、防火的功能，又收到了村落倒影水中的造景效果。

芝堰村的传统建筑规模较大。等级最高、装饰最华丽的首推厅堂，如孝思堂、衍德堂、济美堂、承显堂、世泽堂、成志堂、善述堂、光裕堂等。厅堂一般采用严格的轴线对称布局。院落空间均为三进或四进（头门、仪门、正厅、后寝）。承显堂的头门内设有戏台。厅堂的梁架一般是抬梁和穿斗并用的体系，也有都用穿斗构架的做法。梁的形式大体有两种，即"月梁"与"直梁"。

芝堰民居多数相互紧靠，一般都有封火墙相隔。粉白墙，小青瓦，配以三花或五花马头，层次分明，错落有致。封闭的院落，既防火又防盗。民居的屋式，四周都比较规整，多为三合院。宅居正中的"堂前"为家庭生活的中心，人们对堂前摆设极为重视。两旁次间为起居卧室，厢房面向天井开花窗，光线充足。主体结构一般都采用上等木材，一些较大的住宅，中四柱分别用柏、梓、桐、椿四种木材，谐音"百子同春"。檐枋下往往雕有龙凤呈祥及缠枝牡丹花浮雕图案，柱子牛腿和雀替雕工非常精细。

兰溪诸葛村民居

诸葛村，古称"高隆"，本村的诸葛氏奉诸葛亮的父亲诸葛圭为始祖。据《高隆诸葛氏宗谱》记载：在定居之前，这里虽然荒僻，但"茂竹修林，抚北阙以千里；崇山峻岭，并南阳以齐名"。元代中叶，诸葛氏第26代凝五公诸葛大师到高隆一带定居，靠药材生意发达起来的诸葛家族按传统习俗营建家园，他们按照先祖创造的九宫八卦阵格式，规划、建造他们的村庄。在前后几百年的时间里，诸葛村的建筑成为兰溪一带质量最高、规模最大、最豪华气派的建筑群之一。

诸葛村自然环境优美，村后高山，村前平原，可耕可樵，可渔可猎，并且交通方便，适宜人居住。此地风水颇有讲究，有的风水师把它比做"美女献花形"，村落形如展体仰卧的女子。

村落位于八座小山的环抱中，小山似连非连，形成了八卦方位的外八卦。诸葛村格局按照九宫八卦图而建，整体布局以村里的钟池为中心，房屋呈放射状分布，向外延伸的八条弄堂，将全村分为八块，从而形成了内八卦，村里弄堂似通非通，曲折玄妙。村中心的钟池为八卦式的大池塘，布置似太极阴阳图形，有水的一半为阴，另外一半干地为阳，池水给诸葛村增添了神秘的色彩和活泼的灵气。虽然历经600多年岁月迁移、人世变换，但诸葛村总体格局依然保持不变。如今诸葛村已被列为国家重点文物保护单位。

　　诸葛村现存有明清宅居建筑200多座，布局奇巧、结构精致令人叹为观止。其楼上厅和前厅后堂楼的建筑造型，在全国范围内都属少见。目前该村保存较好的明清建筑厅、堂各有18座，还有3座石牌坊、18口井及8条主巷。其中完好的11座堂为：大公堂、丞相祠堂、崇信堂、崇礼堂、雍睦堂、大经堂、崇行堂、春晖堂、文与堂、燕贻堂和敦复堂。明清民居建筑群青砖灰瓦的马头墙古朴端庄，民居窗棂上的八卦图随处可见。民居与祠堂、巷道、古井一起组成阴阳之相生相辅、祥瑞气升的画面。

　　诸葛村在极盛时，有大小厅堂45座之多，其中7座有进士匾，14座有旗杆，最壮观的当数纪念先人诸葛亮的丞相祠堂。丞相祠堂建于明万历年间，面阔5间，进深3间，高10米，建在1米高的台基上，是宗室祭祀场所。建筑中庭选用了4根直径约为50厘米的松木、柏木、桐木和椿木，寓意"松柏同春"。整个祠堂翼角高翘、雕刻精美、造型庄重、气派威严，充分体现了诸葛后人对自己聪明睿智、鞠躬尽瘁先祖的崇敬之情。大公堂也是为纪念诸葛亮而建的，建筑位于村落中心，坐北朝南，前面是"钟池"。大公堂为三进两明堂，正门当中额枋上有白底黑字的"敕旌尚义之门"的横匾，大门两侧次间粉墙上楷书"忠、武"两个大字。大公堂内挂着"三顾茅庐""舌战群儒""七擒孟获""草船借箭""借东风""空城计""巧布八阵图""白帝城托孤"8幅画，令人缅怀当年诸葛孔明的风采神韵和丰功伟绩。三进大厅正太师壁上写着武侯诫子书"非淡泊无以明志，非宁静无以致远"，意韵深远，体现了诸葛亮的高洁品质，也成了中国文人的修身格言和毕生追求的终极境界。

黄山唐模民居

唐模古村位于安徽黄山风景区南麓，处于连绵起伏的群山环抱之中，它以优美的环境、秀丽的山水以及众多的名胜古迹吸引了络绎不绝的游客。

唐模村原为唐朝越国公汪华的太曾祖父叔举始建。公元923年，汪华的后代汪思立举家迁回故乡，起先居住在山泉寺。年近古稀的汪思立博学多才，精于天文地理，他用易经八卦相中了山泉寺对面的狮子山，认为居住在这里可以发达，况且那里还有太祖叔举种植的郁郁葱葱的大片银杏树，经过汪思立等几代人的辛苦劳动，先后建立了中汪街、六家园、太子塘等建筑物，逐步形成了一个聚族而居的村落。汪思立率儿孙重返徽州时正值五代年间后唐建立之时，诸侯纷争，强盛的唐朝已不复存在，但汪氏子孙不忘唐朝对祖先的恩荣，决定按盛唐时的建筑模式和风范来建造这个村庄，取名"唐模"。

古唐模在规划布局整体村落及营造、完善建筑生存空间方面是徽州古村落的典范。由于历史、经济、自然条件的特殊性，唐模保存了众多格调很高的徽

派古建筑。

唐模古村的特色体现为两大部
分，其一为水街，唐模水街长达
1 100余米，因檀溪水穿村而过而
形成了这条极具江南水乡特色的水
街，两岸分布着近百幢徽派民居，
并形成夹道而建的街道市井。沿街有
40余米长的避雨长廊，廊下临河设有"美
人靠"，供人来往休息。两岸之间架有10座形态各
异的石质平桥，方便居民往来。沿街漫步，可以领略到唐模古村浓浓的古韵。
凭栏临水，如置身在明清街市中，犹如过去南京秦淮河一带的风貌。街区周围
有古桥、古祠、古树、古井，可谓古韵悠悠。其二为水口园林——檀干园，人
们说忠君铸造了唐模，尽孝则成就了檀干园。檀干园相传是一许姓富商为满足
母亲想一游杭州西湖的愿望，而模拟西湖景致所建，人称"小西湖"。檀干园
是徽州园林建筑中最杰出的代表作之一，人们步入唐模村口，首先映入眼帘的
便是檀干园。檀干园始建于清初，占地6 000余平方米，它不仅是风水文化的产
物，更是儒家文化精髓的集中体现。园内三塘相连，有三潭印月、湖心亭、白
堤、玉带桥、笠亭等胜景。更令人流连忘返的是园中镜亭内的宋、元、明、清
18位名家的真迹石刻。这些石刻镌刻精致，气势恢宏。古村落中珍藏着的这些
珍品，昭示了当年徽商经济的繁荣及由此带来的文化昌盛。

通过近几年的旅游开发，唐模以其千年古樟之茂、中街流水之美、"十
桥九貌"之胜、名家石刻之雅、同胞翰林之誉而闻名退迩，现已成为安徽省
唯一一家"全国文明村"、安徽省"优秀文明示范景区"、黄山市十大景区
之一。

徽州呈坎民居

　　呈坎村是被朱熹誉为"呈坎双贤里，江南第一村"的皖南徽州著名古村，是安徽省历史文化保护区，也是我国当今保存最完好的古村落之一。清代罗兴在《呈坎沿革》中记载"呈坎地属歙县，原名龙溪。在隋时为荒壤，至唐末始草创为村，改曰呈坎。盖地仰露曰呈，洼下曰坎。"呈坎四面高山耸立，东有灵金、丰山，西有龙山、葛山，中为由北向南流的众川河，村庄就在四山夹一河的盆地当中，地形呈现出八卦之坎方。村落选址完全符合"枕山、环水、面屏"的古代风水理论。《罗氏族谱》也记载："豫章（今南昌）柏林罗氏堂兄弟天秩、天真于唐末来此地定居。金陵为江苏南京的别称，非徽州。相传长春山有炼丹台遗址，天尊曾炼丹于此。天秩、天真二公深明堪舆之学，察其地，见众水环抱、丰山挺秀，知后必能兴旺，于是定居下来，并改村名龙溪为呈坎。"

　　呈坎村坐落在黄山、屯溪，歙县的中间位置。依山傍河而建，坐西朝东，背靠大山，地势高爽，整个村

落按《易经》中"阴阳二气统一，天人合一"的理论选址布局，两条水圳引众川河水穿街走巷，现仍发挥着消防、排水、灌溉等功能，形成二圳五街九十九巷，宛如迷宫。村中有的楼房高达三层，门楼气派，显示户主当年的身份。而那些精致的徽州建筑雕刻，更让游人流连忘返。呈坎古村落选址审慎、布局合理，人文与自然环境和谐统一，以山为本、以水为魂的山水田园特色显著。呈坎五街大体和众川河平行，延展呈南北走向，小巷与大街垂直，呈东西走向，街巷全部由条石铺筑，两侧民宅鳞次栉比、纵横相接、排列有序。建筑美观，施工精细，青墙黛瓦，高低错落，黑白相间，淡雅清秀。长街短巷，犬牙交错，宛如迷宫。漫步街头，一步一景，步移景异，无处不景。

呈坎古村目前仍有宋代、元代建筑各一栋，明代建筑30多栋，清代建筑100多栋，有国家级文物保护单位22处，有省级文物保护单位50处，还有董其昌、林则徐等历代名人题写的牌匾30余块。呈坎现有的明清建筑不仅数量大，而且祠堂、民居、更楼、石桥类型多样，仅三层楼民居现仍保存7栋，其精湛的

工艺及巧夺天工的石雕、砖雕、木雕把古、大、美、雅的徽派建筑艺术体现得淋漓尽致，被中外专家和游人誉为"中国历代古建筑艺术博物馆"。

一进入呈坎村，便可以看到气势恢宏的宝纶阁，其气势和艺术成就，堪称明代古建筑一绝，是对建筑及装修艺术感兴趣的游览者的必到之处。目睹宝纶阁的雄姿是大多数人前来呈坎的主要原因和目的。该阁为全国重点文物保护单位，原名"贞静罗东舒先生祠"，始建于明嘉靖年间。后殿几层因遇事中辍，70年后重新扩建。东舒祠占地3 000多平方米，分前、中、后三进，五层山墙，层层升高，显得气势宏伟威武，第一进为仪门，仪门内是八丈见方的天井，天井两旁为廊庑，第二进为大厅，前方6根方石柱巍然耸立，石柱之后是24根圆木大柱，堂中4根大立柱一人难以合抱。上面檩梁重叠，横直交错，正中的檩梁粗大庄重，现堂上还挂着一块匾额，上书"彝伦攸叙"四字，为明代著名书法家董其昌所书。大厅高大的板门照壁后又是一个天井，其后第三间才是宝纶阁。宝纶阁是整个祠堂的精华部分，相传主持续建此祠的罗应鹤，明万历间曾任监察御史和大理寺等职，深得明神宗宠信。罗"盖之以阁用藏历代恩纶"，故名"宝纶阁"，后来约定俗称整座祠堂为"宝纶阁"。"宝纶阁"由3个三开间构成，加上两头的楼梯间，共十一开间，吴士鸿手书的"宝纶阁"匾额高挂楼檐。天井与楼宇间由黟县青石板栏杆相隔，石栏板上饰有花草、集合图案浮雕，三道台阶扶栏的望柱头上均饰以浮雕石狮。台阶上10根面向内凹成弧形的石柱屹立前沿，几十根圆柱拱立其后，架起纵横交错的月梁。圆弯形的屋面和飞扬的檐角与梁柱之间的盘斗云朵雕，令人眼花缭乱，美不胜收。横梁上彩绘图案优美，色彩绚丽，虽历经400余年，至今乃鲜艳夺目，历久不凋。"宝纶阁"左右两边为登楼的楼梯，登上30级木台阶，可见楼上排列整齐的圆木柱，屋顶搁栅外露，饰以水磨青砖。此处为是呈坎村的最高点，可远眺黄山天都、莲花两峰烟云。"宝纶阁"以巧妙的结构，精致的雕刻，绚丽的彩绘，集古、雅、伟、美为一体，堪称明代古建筑一绝。

罗润坤宅坐落于前街中段，建于明代中期，坐西朝东，为二层楼的四合院，民居建筑有五铺作斗拱、覆盆础、梭柱，密搁栅，窗栏精致，棋眼雕花。楼上的美人靠和窗栏尤为典型。

　　明代民宅燕翼堂为两进三间三层楼，大门门罩砖雕，形制古朴，木墙壁内两侧有单披屋面，靠异形丁头拱出挑承托平盘枋，枋上置圆形雕花护斗。斗上又出现斜华拱，斜华拱承托屋面，异形丁头拱与圆护斗在徽州都是极为罕见的。

　　呈坎"长春社"位于村西南，坐西朝东，始建于宋代，后迁于现址，今主体建筑大部分为明代建造，后寝为清代改建，门屋则为新造。大门为五凤楼式，全屋有900多平方米，分门屋、正堂、后寝三部分。

　　呈坎是一个具有明代建筑文化特色的古村落，保存至今的明代建筑虽遭大量破坏，但仍占黄山市首位，而且类型丰富、风格之独特在全国都属独一无二，故有"呈坎民居甲天下"之誉。

歙县民居

　　山环水绕的歙县县城是一座历史悠久的古城，始建于秦，隋称"歙州"，北宋宣和三年（1121年）改歙州为"徽州"，元、明、清三朝沿用此名。隋以后1 300多年均为郡州府治。明清以后由于徽商的崛起，使它一度成为全国一个重要的经济文化中心。歙县是中国文化史上独树一帜的徽文化发祥地，被誉为"东南邹鲁""文化之邦"。境内名胜古迹繁多，列入国家或省级重点文物保护单位的约占全省的1/5，故有安徽"文物之海"的美誉。

　　素有"牌坊之乡"美称的歙县，文物灿烂，古迹众多，全县有570处地面文物。遍布全县城乡的古牌坊、古祠堂、古民居等"古建三绝"以及古桥、古寺、古塔等，构成了古典建筑艺术博物馆。特别是明清两代的民居、石坊和祠堂，数量众多，构造精巧，是明清古建筑中的一颗璀璨的明珠。与此同时，文房四宝中有"两宝"：徽墨和歙砚，也出自歙县。

　　歙县的文物古迹十分丰富，现存古建筑385处。古民居群布局典雅，园林、长亭、古桥、石坊、古塔随处可见。值得一游的景点有徽园、渔梁坝、棠

樾牌坊群、太平桥、太白楼、新安碑园、许国石坊、陶行知纪念馆、谯楼、斗山街等。

徽园位于古城闹市区，南连中和街，北接徽州路。徽园气势宏大、古朴典雅、曲径通幽、粉墙黛瓦、错落有致、雕刻精美，主体建筑有仁和楼、得月楼、得意楼、春风楼、古戏楼、惠风石坊、九龙九凤壁以及镶嵌其间的古色古香的建筑百余座。

太平桥俗称"河西桥"，建于明弘治年间，为多孔巨型石拱桥的代表。桥身是红色的粉砂岩，全长268米，宽7.1米，是安徽最长的古石拱桥。

太白楼位于太平古桥西侧。该楼为双层楼阁，挑梁飞檐，为典型的徽派建筑。楼内陈列有历代碑刻，古墨迹拓片，古今名人楹联佳句。游客登楼可以饱览城西的山光水色和古桥塔影。

新安碑园紧邻太白楼。此景区将碑园与园林融为一体，整个园林建筑依山就势，各种花墙、漏墙、洞门相互通透。碑廊曲折起伏蜿蜒200多米。高处立亭，洼处蓄池，竹影婆娑，为典型的徽州私家花园的风格。其园筑于披云峰上，有峰、有楼、有水，虽然位于咫尺之地，却是胸怀博大，饶有山野情趣。

许国石坊位于县城闹市中心，为全国重点文物保护单位。建于明代万历十二年（1584年），是朝廷为旌表少保兼太子太保礼部尚书、武英殿大学士许国而立。许国其人在明史上虽不占很重要的地位，但作为古建筑物的许国石坊却是稀世瑰宝。牌坊四面八柱，呈"口"字形，石柱、梁坊、栏坊、栏板、斗拱、雀替均是重4吨～5吨的大块石料，且全部为

质地坚硬的青色茶园石，雕饰镂刻精美细腻，图案错落有致、疏朗多姿。成双结队的彩凤珍禽绕飞在雕梁之间，一个个飞龙走兽扬威于画壁之上，12只倚柱石狮，神态各异，体现出徽派石雕独特的艺术手法。这些大石料的重量相当可观，在当时科学技术尚不发达、运输工具十分简陋的条件下，采用堆土方法，立柱架梁，把笨重的大石料吊运到10米高的空间后接榫合缝。许国石坊以中华独一无二的雄姿成为举世瞩目的"国宝"，被誉为"东方的凯旋门"。

陶行知纪念馆坐落在歙县城内，旧为"崇学堂"，为人民教育家陶行知幼年就读之所。馆内陈列有陶行知的遗物和著名遗联"捧着一颗心来，不带半根草去"。

谯楼位于歙县城内，有两座。南谯楼，俗称"24根柱"，此楼建于隋末，宋明两代多次重建，现存的南谯楼基本保持宋代的建筑风格；东谯楼又名"阳和门"，原名"钟楼"，建于明弘治年间，为重檐式的双层楼阁。

斗山街坐落于歙县城内，这条由青石板铺成路面的古街，狭长悠远，集古民居、古街、古雕、古井、古牌坊于一体，就像一幅长长的历史画卷。建于明清时期的斗崇山峻岭街，有典型的徽州民宅江氏家宅、官宦人家杨家大院、古私塾许家厅、世代商家潘家大院、千年"蛤蟆"古井、罕见的木质牌坊"叶氏贞节坊"等。

黟县宏村民居

  黟县，位于"中国第一奇山"——黄山的西南麓，北临九华山，南靠齐云山，是黄山市下属的一个县，也是一个省级历史文化名城。黟县始建于秦始皇二十六年（前222年），迄今已有2 200多年的历史。黟县因黟山而得名，据《清史·地理志》载："县以黟山名，即今黄山也。"唐玄宗时，取轩辕黄帝在黟山取石炼丹得道升天之传说，遂改黟山为黄山，但黟县的名字却沿用至今。

  由于境内连绵的群峰与黄山连为一体，在历史上曾阻碍了黟县与外部世界的交流，造就了黟县"世外桃源"般的生态环境。也因如此，黟县自古以来极少受到战争劫难，至今仍完整地保存有一大批16世纪徽商鼎盛时期留下的建筑精巧、风格明朗的徽派特色浓郁的明清建筑群，被国内外专家学者誉为"东方古建筑的艺术宝库"。

黟县境内的古民居星罗棋布，古民居、古祠堂、古桥、古三雕（砖、木、石）、古文化遗址等名胜古迹众多，至今仍存在保护完整的古民居3 600栋，为皖南之首，素有"明清民居博物馆"之称。这些古代民居建筑带有浓郁的中国传统文化特色，其布局之工、结构之巧、装饰之美、营造之精，集中体现了中国传统文化的精髓，其中宏村、西递、南屏、关麓、屏山等古民居建筑村落更能让游客感受到其中隐藏着的极其丰富的文化内涵。

宏村位于黄山西南麓，原是古代黟县赴京通商的必经之处，始建于宋绍兴年间，距今已有800多年的历史。宏村最早称为"弘村"，据《汪氏族谱》记载，当时因"扩而成太乙象，故而美曰弘村"，清乾隆年间因犯了乾隆皇帝的名字"弘历"讳，遂更名为宏村。

宏村是以汪氏家族为主聚居的村落，整个村落占地约28公顷，其中被界定为古村落范围的面积有19.11公顷。汪氏是中原望族，自汉末南迁，其后裔遍布江南各地。宏村汪氏祖籍金陵，约在南宋时迁居到徽州，是为宏村始祖。明永乐年间（1403～1424），宏村曾任山西运粟主簿的汪氏76世祖汪思齐，根据祖辈的遗训结合风水理论来指导村落的整体布局。由此，村落的雏形基本形成。

宏村整个村落布局独出机杼，是一个"山为牛头树为角，屋为牛身桥为脚"的牛形村落，故被人们称为"牛村"。全村以高昂挺拔的雷岗山为"牛头"，满山青翠苍郁的古树是牛的"头角"，村内鳞次栉比的建筑群是"牛

身"，碧波荡漾的塘湖为"牛胃"和"牛肚"，穿堂绕屋、九曲十弯的人工水圳是"牛肠"，村边的四座木桥为"牛腿"，宏村就以一头卧牛的形象出现于青山环绕、稻田连绵的山冈之中。

宏村有着类似方格网的街巷系统，用花岗石铺地，穿过家家户户的人工水系形成独特的水街巷空间，以村落中心的半月形水塘"牛心"——月沼为中心，周边围以住宅和祠堂，因而内聚性很强。最能体现宏村景观和艺术价值的月沼和南湖水面，映衬着古朴的建筑。在青山环抱中依然保持着勃勃生机，更显宏村独特的居住环境价值和景观价值。

水、建筑、环境是构成宏村明清民居建筑群的三大要素。村落里现存有明清时期修建的民居158栋，其中的137栋保存完整，这些民居建筑不仅拥有优美的环境、合理的功能布局、典雅的建筑造型，而且与人类、自然紧密相融，创造出一个既合乎科学，又富有情趣的居住环境，是中国传统民居的杰出代表之一。建筑中最令人叫绝的要数"三雕"艺术，无论是木雕、砖雕、还是石雕，雕刻刀法都像北方的剪纸一样精细、流畅。大与小的运用，疏与密的处理，粗与细的对比都匠心独具。

宏村的村外山清水秀，红杨翠柳，而村内则清渠绕户，终年清澈，潺潺流淌的水圳宛如轻柔的银带，蜿蜒飘动于村中。村中民居大多将圳水引入宅内，形成村落特有的"宅园""水院"，使宏村的民居建筑开创了徽派建筑里别具特色的水榭民居模式，形成了"明圳鳞鳞门前过，暗圳潺潺堂下流""浣汲未及溪路远，家家门巷有清泉"的绝妙景色。

宏村是徽州传统地域文化、建筑技术、景观设计的杰出代表，具有极高的历史、艺术、

科学价值，是徽州传统建筑文化的真实见证，故村内有许多值得徜徉的胜迹。

南湖位于宏村正南方，始建于明万历三十五年（1607年），是占地面积为2万顷的人工湖。湖面呈大"弓"形，弓背部胡堤分上下两层，上层宽约数丈，用石板、卵石铺地，下层种植有杨柳树；弓弦部建有南湖书院。南湖书院是省级重点文物保护单位，明末宏村人在南湖北畔建私塾六所，称"倚湖六院"，专供族人子弟读书向学，起到以育人才的作用。清嘉庆十九年（1814年），六院合并重建，取名为"以文家塾"，亦名"南湖书院"。书院占地面积为6 000余平方米，建筑高大宏伟，庄严宽敞，为徽州古书院代表建筑之一。

承志堂是清末徽商汪定贵于清咸丰五年前后营造的宅邸，有"民间故宫"之称。占地面积为2 100平方米，建筑面积为3 000平方米。全宅有木柱136根，大小天井9个，楼屋7处，大小60间屋，门60个。整栋建筑以砖木结构为主，内部饰以极为精致且富丽堂皇的石、砖、木三雕物件。天井下檐的4根支柱上雕有渔、樵、耕、读的图案。叫门之上，即渔樵耕读之下，有一长幅"百子闹元宵图"。东西两边门上呈古钱币形，也像古元宝倒挂，是"财到"的意思。前厅的楼上是闺房，房顶有天窗，采光性能好，便于小姐描红绣花。后堂与前堂的结构基本相同，但木雕的图案就有所不同了。后堂主要是长辈居住的地方，柱石上有"寿"字，额枋上雕的是"郭子仪上寿图"。后堂左侧是"吞云轩"和"排山阁"。后堂右侧则通向厨房。承志堂是皖南古民居的经典之作，为省级文物保护单位。

德义堂始建于清嘉庆二十年（1815年），占地仅220平方米，建筑面积为144平方米。在不大的空间里，施以园林式建筑布局，小至盆景，大至果木一一铺设，可谓一绝。

黄山屯溪老街民居

　　屯溪是黄山市下属的一个区，位于黄山市中心，同时也是黄山市政府所在地。相传三国时，吴国威武中良郎将贺齐为征伐黄山地区的少数民族"山越"曾屯兵溪上，屯溪也因而得名。也有人认为："溪者，水也；屯者，聚也。诸水聚合，渭之屯溪。"屯溪旧属休宁市，历史悠久、人文荟萃、商业发达、景色秀丽，是一座古朴幽雅、近似山庄的古镇，也是昔日的徽商重镇。它最初只是一个小渔村。明初，休宁人程维宗在此建造店房以招徕商贾、存贮货物，至清康熙年间，发展到"镇长四里"。20世纪20年代~30年代，更俨然有"沪杭大商埠式"的风采。现在，屯溪仍然是皖南重要的商业中心。

　　屯溪老街起于宋代，明清时期发展成为徽州物资集散中心，全长1 273米，迄今保存完好。店铺鳞次栉比，建筑古朴典雅，是一条具有南宋和明清建筑风格的商业步行街。开始时，它只是一段曲尺形的"八家栈"，随着徽州商业的日渐繁荣，它的规模也越来越大，逐渐发展成一条综合型的商业街。屯溪老街是中国保存最为完好的具有宋代建筑风格的古老街市。老街的形成和发展与宋高宗移都临安有着密不可分的联系。当时，临安大兴土木，大量徽州木材和工匠沿新安江被运输和征调到杭州。后来，这些工匠近回家乡后，便模拟临安的建筑风格建造店铺。

老街的建筑群继承了徽州民居的建筑传统风格和规划布局，建筑形式具有鲜明的徽派建筑特色。建筑体量不大，色彩古朴淡雅，小青瓦白粉墙，鳞次栉比的马头墙，构成了徽派建筑的群体美。整条街道蜿蜒伸展，首尾不能相望，是我国古代街衢的典型走向。为了使街

道与山水及后街等生活环境相沟通，老街两侧有一些宽窄不一的巷弄与街道交叉。老街店铺多为单开间，一般为两层，少数为三层，且都是砖木结构。每座楼两旁都有封火山墙，墙上盖瓦。店面门楣上布满了徽派木雕，其中的戏剧人物栩栩如生、新安山水淡淡隐现。楼上设有临街栏杆与裙板，做有各种花窗，十分典雅。建筑临街为开敞式的门面，装有可灵活装卸的排门，卸去排门，店堂则全部打开，便于营业。建筑内设天井采光，天井四周房顶的雨雪水均归落天井中，谓"四水归堂"，是经商人图"聚财"之义而产生的。老街街面的房屋均为前店后坊、前店后仓、前店后宅或下店上宅。

程氏三宅为安徽省重点文物保护单位，分别坐落在屯溪柏树街东里巷6号、7号、28号，为明代成化年间礼部右侍郎程敏政所建。三宅均为五开间两层穿斗式楼房，前后厢房，中央天井，为四合院布局方式，宅居结构严谨、装饰精美、古朴素雅。

程大位故居建于明正德年间，是一处两进三间砖木结构的二层楼房，马头墙、小青瓦，是典型的明代徽州古民居建筑。现已辟为程大位纪念馆，陈列程大位生前的各种资料、图片。

潜口民居

　　潜口镇在清代曾是汪沉家别业，原名"水香园"，咸丰年间毁于兵火。此镇地处徽州区前往黄山的交通要道，以潜口民宅而闻名。1984年起，当地政府将潜口、许村等地11座较典型又不宜就地保护的明代建筑，采用拆建的方式集中于此，组成明代村落，定名为"潜口民宅"。潜口民宅，又名"紫霞山庄"，坐落在安徽省黄山市徽州区潜口村村头的紫霞峰南麓，被誉为明代民宅建筑博物馆。它包括山门一套，石桥、石坊、路亭各一座，祠堂三幢，宅第四幢，分别为荫秀桥、石牌坊、善化亭、乐善堂、曹门厅、司谏第、方观田宅、吴建华宅、方文泰宅和苏雪痕宅。在拆迁复原过程中，严格按照"原拆原建、整旧如旧"的原则，保持了建筑物的原貌。山庄占地17 000多平方米，茂林修竹，景色清幽，依山就势，错落有致，从周围不同的角度都可以观赏到完美的建筑形象。

　　紫霞山庄的入口门厅为三开间门廊，高檐如盖，8根梭柱拔地而起。门厅建于明中叶，原为潜口镇汪姓众厅六顺堂残留部分。入门后有一个不大的院落，内立三间五楼的石牌坊，为明代嘉靖年间郑绮所建。

　　在山庄入门不远处，有小溪自西向东环山而过，溪上横跨着单孔石拱小桥，名"荫秀桥"。荫秀桥始建于明嘉靖三十三年（1554年），原坐落于潜口镇唐贝村口，是由当地尼姑出资所建，桥的一头是尼姑庵，另一头是鸡犬相闻的村庄。"荫秀桥"三字，一半为阳刻，一半为阴刻，桥中央成了佛界与人间的分界线，故又叫"阴阳桥"。该桥

两旁砌筑的是罗汉护栏板，岁月悠悠，小桥仍在，真可谓"师太不知何处去，罗汉依旧笑春风"。

过了荫秀桥，便是"石牌坊"，它同样建于明代嘉靖年间，牌坊正面无题字，只雕着一个龇牙咧嘴的"鬼"，其手里拿着一支笔，脚踏一只方形大斗，"鬼"与"斗"和起来即为"魁"。牌坊背面刻了月宫桂树图，表明立坊者方氏期望家族子弟多出文魁星，蟾宫折桂，光宗耀祖。

过荫秀桥循道登山，路旁有一亭，四角方形，飞檐翘角，造型美观，名曰"善化亭"，建于明嘉靖辛亥年，原坐落于歙县许村杨充岭石道旁。亭名"善化"，取的是"善化贤良释化愚"之意。亭中刻有一副对联"阴德无根方寸地中种出，阳春有脚九重山上行来"，意在劝人诚心为善，方可积德。此亭还有一副对联"走不完的前程，停一停，从容不出；急不来的心思，想一想，暂且掉开"，寓意十分深刻。

经善化亭顺山势北转，即为"乐善堂"。乐善堂建于明中叶，原系潜口镇汪姓子孙所建，因族中老人常议事娱乐于此，故又称"耄耋厅"。该宅高雅古朴，二进三开间，正面为三开间柱式门厅，厅的两侧为门房，前后进之间设有天井，谓之"五岳朝天，四水归堂"。古代徽州人聚水意聚财，天井不仅是通风采光的需要，还图"肥水不外流"之吉利。乐善堂天井两侧都有廊室，正堂20根大柱巍然挺立，横梁雕刻精细，整个建筑气势不凡。

乐善堂背面毗连着"曹门厅"，此厅建于明嘉靖年间，原为潜口镇汪曹后人支祠。其檐罩高悬，九开间的门庭一字形展开，献柱8根，整齐划一，庄严肃穆，建筑宏伟，为一般祠堂所不及。

从曹门厅前的石坪顺势而下，为"司谏第"，始建于明弘治八年（1495年），原坐落于潜口村，系明永乐初进士汪善孙辈祭祖所建宗祠。祠内设天井，四周绕以石柱，中架单孔石拱小桥，直通正厅，厅内供奉着神位。该祠构架用料宏大，梭柱、月梁、荷花墩、叉手、单步梁、斗拱雕刻精美，显示了明代建筑风格。

方观田宅位于山庄北侧，始建于明中叶，是一座明代徽州普通农民住宅。该宅为一进二层三间两厢式的建筑，小青瓦马头墙、青砖铺地，大门置有门罩，此宅是徽州普通农家住宅的典型代表。

其余三宅都位于山庄北侧。吴建化宅建于明中叶，坐落在潜口村，始建时为三层，后改为二层，仍保留明代建筑特征。方文泰宅始建于明中后期，原坐落在坤沙村，为三开间两进，上下对廊结构的二层民居。苏雪痕宅也建于明中叶，原坐落在歙县郑村，是一座三间二进二层的砖木结构建筑。

潜口民宅是徽州明代民居的缩影，在一个小山峦上展示出各类不同古民居风貌，颇具匠心。从建筑类型看，既有宗祠、宅第，也有小桥、路亭、牌坊；在时间跨度上，从明弘治八年延续到明中晚期；从宅主看，有商贾、豪绅、谏官、进士，也有普通农民。潜口民宅在艺术上也具有一定的典型性。"方文泰宅"雕饰精美，充分体现了徽雕技艺的精湛；"司谏第"是江南现存最早的明代砖木结构建筑之一；还有保留了元代营造手法的"吴建华宅"。在潜口民宅中，可以见到明代民居起居方便的特点，及其简易而具有使用价值的营造法，潜口民宅从一定程度上再现了徽州古村落的历史文化风貌。

连城培田古民居

在闽西客家山区的连城县培田村，保存了一片明清的古民居建筑群。培田村村民自开基祖吴十八郎在元至正四年（1344年）由宁化迁入，繁衍生息至今已近700年。培田村有着优越的自然地理环境。村落绕着松毛岭东坡突出的高岭北、东、南三面环山布置，主要民居朝向东面和东南

面。村落正东1 000多米高的笔架山防御着夏、秋台风的侵袭，也成了古村落的朝山之地，体现了人们崇尚文化、"耕读传家"的传统理念。村落结构中心是一条约2 000米长的古街，街西有20余座宗祠，街东有30余座民居和驿站。曲折的古街与幽深的巷道连通，把错落的民居建筑连为一体。千米古街最盛时有商铺37间，今日仍保存完好的有23间。

培田村现有民居建筑30余座，保存比较完好的仍有20余座。民居建筑设计精巧，工艺精湛，成就甚高。

1.大夫第式民居——继述堂

在闽西客家山区，通常将院落重重、天井许多的合院建筑称为"九厅十八井"。培田村规模最大的"九厅十八井"合院民居建筑当推继述堂。继述堂的取名来自《中庸》"夫孝者善继人之志善述人之事"。主人吴昌同因乐善好施而得朝廷封赠，授奉直大夫，诰封昭武大夫。继述堂建于清道光九年（1829年），历时11年，它"集十余家之基业，萃十余山之树木，费二万巨金，成百

余间之广厦，举先人之有志而未逮者成于一旦"。

继述堂的平面布局规模宏大，远不止九厅十八井，而是有18个厅堂、24个天井、72个房间，共占地6 900平方米。继述堂前的广场被当地人称为"外雨坪"，坪边原有月塘和围墙，现已毁。坪中遗有一对石狮石鼓，两根纹龙旗杆。门前一副对联曰"水如环带山如笔，家钉藏书陇有田"，从中可以感受到建筑周边环境之美和主人对耕读文化的追求。过了前厅进入一个大的庭院，庭院两侧隔一花窗墙后各设有一个侧厅堂，自成一厅两房带小天井布局，小巧玲珑，别具一格。过了大庭院来到挂有"大夫第"牌匾的中厅，过天井上台阶之后进入大厅。中厅大厅联成一体，雕梁画栋，场面浩大，这是主人宴客、会亲的场所。大厅两侧设主卧房，分成前后间。再过一个天井进入后厅，后厅是主人生活起居的内宅。与外厅大不相同的是，这里的装饰装修朴素典雅，空间尺度亲切宜人。

继述堂的横屋布局合理。在主厅堂两侧安排了横屋，采用的是左一右三的不对称布局。因侧天井太长，主人在其上做了数个过水廊，既解决了交通不便的问题，又使侧庭院空间有了分隔，不至于一览无遗。该宅布局的特点是主厅堂面东，与之成直角的横屋自然是南北朝向。虽然四列横屋房间众多，但因朝向好、光线足、空间大，又采用一厅两房的平面布局，使用起来十分方便。从这里也反映出客家人的精明，既考虑到主厅堂需华丽高大，满足礼仪要求，又照顾到平时居家过日子的使用方便，确实是匠心独具。

继述堂的地板也值得一提。它采用"三合土"结构，由沙子、黄泥、石掺入少量的红糖、糯米夯实而成，不但坚固耐久、不易风化，而且防潮、抗磨、耐压，比混凝土更为经济、实用。经过近200年的风雨侵蚀，至今仍坚硬如常、平整如新，不能不说是一个奇迹。难怪来自法国的建筑学者兰克利博士惊叹其为"世界建筑科学的奇迹，中国古民居建筑的艺术精品"。

2.驿站式民居——官厅

官厅，又称"大屋"，是吴氏接待过往官员、商客的地方。第二次国内革命战争时期，这里曾经是红军指挥机关所在地。第五次反"围剿"失败后，红军长征之前在此召开了最后一次重要的军事会议。该宅占地5 900平方米，始建于明末崇祯年间，至今已有近400年的历史。为前塘后阁五进带横屋、中轴对称式布局。官厅前设围墙、半月塘、外雨坪。外雨坪石桅矗立，石狮把门，加上"门当户对"，气度不凡。门庐设有双重屏风，过门庐之后进入一个大庭院，

又有一对石旗杆。进入书写有"斗山并峙"的内门后才是前厅，随后是中厅、大厅、后厅。中厅开学馆，左右厢房曾经藏书万册。后厅为两层楼阁，楼下厅为宗族议事厅，楼上厅为藏书阁。

官厅作为民居建筑，具有四个特色：一是建筑功能齐全。它既是客栈、书院、图书馆，又是民宅，集政治、经济、居住、教育为一体，在中国传统建筑中恐怕还没有第二例；二是接待等级分明。由彩色卵石砌成的双凤朝阳图案的甬道，只有达官贵人才能行走，中厅砌"三泰阶"（俗称"三字阶"），来往客人要论资排辈安排座位；三是建筑色彩协调。室内暗部用蓝、绿色彩调成暗色调，显得庄重、肃穆。室内亮部色彩配以朱红色，给人热情洋溢的感觉，重要部位如梁架、窗饰等，则不惜代价全部鎏金，显得富丽堂皇；四是设施考虑周到。许多建筑的构配件，只要想得到的，这里都有考虑，比如过去妇女都要裹脚，足不出户，官厅在设计时就特地在围墙内开挖一条长1米的水圳，接来清水，供妇女洗涤。

3.府第式民居——都阃府

都阃府是一座三进三开间带单侧横屋的民居。都阃是官名，即都司，都阃府就是都司府。汉代在尚书省下设左右都司称左右都阃，清代在武官职衔中设有游击、都司等职，都阃就是四品武官，都阃府就是四品武官的府第。它的主人是御前四品蓝翎侍卫吴拔祯。

都阃府规模虽小，却很精细。可惜该府第在1994年毁于一场大火，只剩下断壁残垣，让人们想象着它往日的辉煌。都阃府遗留下来的几件东西，堪称一绝。一是门口的两根石龙旗（也称"石笔"），顶塑笔峰，斗树龙旗，威武挺拔，直插云天，它是主人文武竞秀的象征；二是前庭院（也称"雨坪"）中用各式河卵石精铺而成的"鹤鹿同春图"。图中无论是鹤是鹿是松都形神毕肖、活灵活现，传说中秋月圆万籁俱寂之时，还能听见鹿鸣，看见鹤舞；三是一块介绍主人生平共800余字的石碑。它是由清代兵部尚书贵恒篆额，户部主事李英华撰文，泉州人状元吴鲁作书，北京琉璃厂大师高学鸿刻石，通称四绝。

4.围垅屋式民居——双灼堂

双灼堂是培田古民居中建筑最精湛、
集科技与艺术为一体的"九厅十八井"式的
合院建筑，为四进三开间带横屋对称布局，
又因前方后圆的"围垅屋式"平面而别具一
格。门庐横批"华屋万年"，藏主人吴华年
名字于头尾，对联"屋润小康迎瑞气，万金

广厦庇欢颜"，体现了客家人祈望安居、追求小康的淳朴愿望。过了门庐进入
一个中型庭院，庭院两侧对称设有一对侧厅堂，它自成一厅两房带天井人仆布
局，分别有小门与庭院和横屋联系。过了前厅、中厅、后厅之后进入一个横向
庭院，即围拢屋的后龙，后龙设一厅十房，为家庭放杂物的小院。

双灼堂装饰的主要特色：一是建筑装饰精细。厅堂的屏风、窗扇、梁头、
雀替等部位都精雕细刻，雕刻的图案惟妙惟肖、含义深刻。尤其是堂前8块精美
的窗扇上每扇浮雕一个字，连起来为"礼、义、廉、耻、孝、悌、忠、信"，
突出四维八德，彰显了以德治村、以德持家的理念；二是屋脊装饰考究。双灼
堂的屋脊飞檐高挑，陶饰精致，明墙叠檐三折的曲线以及左右对称昂首吞云的
双龙，表现了精湛的技艺，令人叹服。

景德镇民居

　　景德镇是国务院首批公布的历史文化名城，坐落在黄山、怀玉山余脉与鄱阳湖平原过渡地带，是享誉世界的"瓷都"。史籍记载，"新平冶陶，始于汉世"，可见景德镇地区早在汉代就开始生产陶瓷。宋景德元年（1004年），宫廷诏令此地烧制御瓷，底款皆署"景德年制"，景德镇因此得名。

　　由于陶瓷文化的影响，使得景德镇的建筑独具特色。有保留完好的明清古建筑村落建筑群，也有古县衙、古戏台和以三间大夫屈原命名的三间庙，还有明太祖朱元璋作战时藏身的红塔和瑶里的仰贤台。景德镇陶瓷历史博物馆就是将许多濒于毁坏、拆除的古建筑整体搬迁，集中于一处的以古建筑为中心的园林式博物馆。该博物馆位于城西枫树山风景区，馆内有历代陶瓷展、古窑群、瓷碑长廊、天后宫、瓷器街、大夫第等景观。馆内环境幽雅、林木葱郁、湖水荡漾，人文景观和自然风光在此得到完美的结合。

　　景德镇明清民居主要分布在老城区和原浮梁境内的西北乡一带。老城区多为富商和庶民住宅，西北乡则多是官吏和庄园主住宅。两处的民居风格迥然不同：市区民居具有明代南方集镇住宅的特色，西北乡的民居则有明显的徽州风格。

市区内的古民居，以祥集上弄、抚州弄和刘家弄的民居最具代表性。

祥集上弄位于中山北路北端的西侧。此弄的3号、11号居民住宅，建于明成化年间，为当年富商私邸。11号宅居有重工装饰的门

罩，3号住宅则无门罩。两栋建筑内观开阔轩昂，构架粗硕，为穿斗与抬梁式混合结构，正堂檐柱选用质硬、耐燃和防虫的椿树木料，梁柱交接处有雕刻精美的雀替过渡，纹样皆为花卉翎毛。正堂的石刻柱础造型凝重华丽，地脚用雕刻精细的青石板。这两栋民居均具有明代南方集镇住宅建筑的特色。

抚州弄位于珠山中路北侧，此弄的2号民居建于明代中晚期，其明间堂屋结构为二檩五架梁，一端搭于内额上，另一端由两柱支撑，给人的印象好似三间五架之宅。设计可谓用心良苦，既不违犯当年庶民庐舍不得超过三间五架的禁令，又能达到显示宅居气派不凡的目的。宅内的中柱、脊檩均为半圆或弧形。该宅在装饰上则刻以多种较复杂的花卉，其雕刻细腻，线条流畅，具有较高的艺术价值。

刘家弄位于三间庙明代古街区内。此弄的3号、13号民居建于明代中期，3号保存较好，13号保存较差些。3号民居入口天井内壁置有砖雕照壁，下设须弥座，圭角图案雕刻十分精致。13号门置中轴线上，其特殊处，是在石制柱础上面加一段圆形木循，并取横纹制作，用意在于防止潮气沿木柱上升。虽经数百年，檔仍保存完好，可谓匠心独运。景德镇城区的明代民居内建有前堂、后堂，或称之为"上堂""下堂"。正房两侧加厢房，民居最后为后房。前有大天井，后有小天井，宅居的大门均设于侧向。

西北乡的古民居，以金达旧居、汪柏旧居和汪明宠旧居最具代表性。

金达旧居位于距市区74千米的峙滩乡溪村，现迁建于市内古陶瓷博览区。金达为本地人，明嘉靖丙辰会试第一，官广西布政使。金达故居建于明嘉靖至万历年间，面积不大，只有一进两层，但做工十分讲究。特别是堂屋带阁楼形式，围绕天井挑出美人靠，美人靠向外弯曲成弧面，在垂直和水平两个方向分别划分若干框格，格内雕饰华丽，尤其是百兽图案，造型简洁生动，艺术价值极高。

汪柏旧居位于距市区90千米的兴田乡夏田村，建于明代嘉靖末年，汪柏也是本地人，明代曾任浙江布政使。汪柏旧居有一大一小。大宅为两进两层结构，正堂宽大，地坪抬高两级。中堂却比较简朴，构架比例匀称，福扇、栏板、梁枋的木雕手法熟练、刀法严谨。小宅一进两层，面积虽小，但做工和雕饰比大宅更精致华丽。此宅在设计上与其他民居有许多不同之处，主要表现在窗户和纹饰上。其他民居外墙一般不设窗，只留几处小孔，或饰以小型砖透花窗，而该宅却在外墙窗洞中加置木扇套窗，窗口由通常的13厘米扩大到30厘米。其他民居的装饰纹样一般为花卉翎毛、云彩、鳌鱼吐水之类，而该宅却饰以雀、鹿、蜂、猴（寓意"爵、禄、封侯"），福禄万字和百鸟朝凤等。

汪明宠旧居位于距市城区80千米的西湖乡桃墅村。汪明宠是晚明时的本地人，该宅是国内仅存的三层明代住宅，极为珍贵。该宅建于明代晚期，是一栋依山傍水、有13个天井的房屋，当地人称其为"大屋里"。20世纪70年代时拆毁，现仅存两进，以两天井为中心组成两进，有中堂、正堂。中堂有正、厢房各两间，正堂也有正、厢房各两间。二层楼面两厢为狭楼，中堂三层有阁楼，围绕天井各层均开有门、福扇、槛窗，并饰以"万"字格式，民居中间形成一条长巷，显得高大美观，气势轩昂。

婺源民居

　　婺源县是南宋著名理学家朱熹的故里，历史上属徽州府管辖，是古徽州一府六县之一。婺源风光旖旎，环境幽雅，空气清新，民风淳朴，明清建筑古色古香且保存完好。古朴典雅的徽派特色建筑古祠堂、官邸、民居、书斋、戏台、廊桥、亭阁、宝塔等遍布于城乡，白墙黑瓦的老房子掩映在绿野的丛林中，点缀于古木幽篁之间，特别是延村、李坑、理坑、思溪、桃溪等明清民居群，被建筑学家称为"古建筑博物馆"。

　　明清时期，婺源曾经出过很多商人和大官，由于封建宗族思想与乡土观念的影响，无论是仕途得意者，还是经商致富者，都要把大量的积蓄携归故里大兴土木，扩祠宇建宅第，以敬宗睦族，叶落归根告老还乡，建园林拓广厦，以安享晚年。其形式和规模都表现出小乡土村落少见的富贵文雅之气，体现出浓

郁的官商文化风格。婺源民居虽朴素简洁，装饰用的"三雕"（砖雕、石雕、木雕），则比比皆是。凡梁枋、斗拱背吻、檐椽、雀替、驼峰、鸱尾、窗棂、门楣等处，无不采用浮雕、圆雕、透雕的手法，雕饰龙凤麒麟、松鹤柏鹿、水榭楼台、人物戏文、飞禽走兽、兰草花卉等图案。

延村始建于北宋元丰年间（1078～1085），现存有明代私塾和清代"徐庆堂""聪听堂""笃经堂"等民居56幢。民居鳞次栉比，多为明清时徽商晚年归隐所建。村落平面呈"火"形布局，五条街道在村中间汇聚。村子的核心处有一口水井，既在形式上对火灾有预防作用，又调节了阴阳二气的相生相克。

百余户人家通过过街楼连成一体。从外貌看，民居相对简洁，墙内厅堂院落布置井然，以古朴的装修自成一派。房屋形式多为一至三层穿斗式木构架，四周用白粉刷面的封火山墙围起，且呈阶梯式高出青瓦坡顶的屋面，俗称"马头墙"。大门为石库门坊，水磨青砖门面，门罩翘角飞檐，门枋砖雕别致。宅居平面为三进三开间，内分前厅、后堂、厨房等，前后均有浅天井。堂屋内三间两厢、方柱石础、福扇门窗、青石板铺地。屋内梁枋、雀替、门窗等处的雕刻丰富，不仅显示出精湛的工艺，而且蕴藏古文化的神韵，令人赞叹不已。民居四面高墙围护，人们虽居住在封闭的建筑之中，但建筑内庭布置有小花园、叠石筑山、鱼池流泉、石桌石凳、花卉果木，从狭小、紧凑的建筑空间里求得疏朗与广阔。

延村的商贾民居在建材与格局上与官宦府第区别不大。但由于受封建社会等级观念的影响，商人住宅不如官宦府第那样雄伟威严，一般院子较小，院门偏向一边。建筑的屋角与人相邻之处都砌成弧形，以示无棱无角，和睦相处。偏门和圆角体现了商人谦卑与和气生

财的处世观念。商人住宅门面和天井的设计也体现了商人的职业特点，如石库大门的门面和门罩似一个"商"字；天井为一长方形，雨水从四面屋檐流入下水道，寓意"四水归堂""招财进宝"；天井出面的青石板铺成铜锁下水道，寓意"锁住财源""肥水不外流"。商人住宅的最大特色是精雕细刻，工艺精湛。商人住宅不能建得像官第那样高大雄伟，于是他们便另辟蹊径。在雕刻装饰上互相攀比，以炫耀富有。商人住宅的木雕、砖雕、石雕，从上到下，从外到内，无处不在。技法有浮雕、透雕、阴刻、阳刻。内容有惟妙惟肖的人物、栩栩如生的鸟兽、婀娜多姿的花木、蔚为壮观的山水。每一个部件拆下来都是一件工艺作品，整幢住宅合起来便是一座艺术殿堂。这些图案或隐含寓意，或借用谐音，表达着吉祥如意的心愿，如龙凤象征吉祥，喜鹊象征喜庆，莲花鲤鱼谐音"年年有余"，蝙蝠和寿桃谐音"福寿双全"等。置身于商人住宅中，犹如置身于民俗博物馆，让你感受到一股浓郁的文化底蕴。

"坑"在赣中就是溪的意思，婺源所有的村庄都建在碧波荡漾、纵横多姿的溪流边上。秋口镇李坑村坐落在一条狭长的山坞之中。一条涓涓小溪穿村而过，数十幢民居夹溪而筑，门户相对。李坑建村于北宋年间，是一个以李姓聚居为主的古村落，在南宋乾道三年（1167年）出了个武状元李知诚。李坑自古文风鼎盛、人才辈出，自宋至清，仕官富贾达百人，村里的文人留下传世著作达29部。村落群山环抱，山清水秀。村内260多户大都沿河而居，每户门前都有一座青石板桥，出门即上桥，真是名副其实的"小桥流水人家"。村内有一古宅，前院的一株古桂花，树冠半径达7米；后院的一株古紫薇，树龄也逾千年。令人称奇的是古紫薇仅存的半边树干，宽仅约30厘米，厚不足7厘米，弯弯曲曲伸向一口方塘，满树红花与塘中的荷花红鲤鱼相映成趣。跨过后院，一泓山泉掩隐在树丛芭蕉叶下，泉边一块石碑，上刻"蕉泉"二字。

李坑村民居属于徽派建筑，除了具有典型徽派建筑的粉墙、飞檐、翘角外，"木、石、砖"三雕也堪称三绝。村内明清民居粉墙黛瓦、参差错落，村内街巷溪水贯通、九曲十弯，青石板道纵横交错，由石、木、砖建造的各种溪桥数十座沟通两岸，更有"两涧清流""柳碣飞琼""双桥叠锁""蕉泉浸月""道院钟鸣""仙桥毓秀"等景点在其中，构筑了一幅小桥流水人家的美

丽画卷，是婺源古村落中的一颗璀璨明珠。

　　理坑村，原名"理源"，建于北宋末年，理坑官宅府第与延村的商家宅第不同，更讲究内外布局的正统规范，显示出官宅的气派特点。至今仍保存完好的古建筑有明代崇祯年间广州知府余自怡的"官厅"，明代天启年间吏部尚书余懋衡的"天官上卿"，明代万历年间户部右侍郎、工部尚书余懋学的"尚书第"，清代顺治年间司马余维枢的"司马第"，清代道光年间茶商余显辉的"诒裕堂"，还有花园式的"云溪别墅"，园林式建筑"花厅"，颇具传奇色彩的"金家井"以及作为我国古代民间建筑艺术珍品的"经义堂"。府第建筑门面造型气势雄伟，雍容大方。理坑因完整的明清古官宅群和深厚的人文底蕴，成为婺源古村落中的一个典型代表，已被列入省级重点文物保护单位，为全国百个民俗文化村之一。

乐安流坑民居

　　流坑村于五代南唐时期（937～942）建成，至今已有1 000多年的历史。全村大都姓董，少数为何姓和曾姓。董氏尊西汉儒学家董仲舒为始祖，并尊唐代宰相董晋为先祖。据祖谱记载，董晋六世孙董清然在唐末战乱时由安徽迁入江西宜黄，其曾孙董合于昇元年间进至流坑定居，为流坑之开基祖。依靠辛勤经营和良好的自然条件，流坑董氏家族在宋代成为科甲连中、仕宦众盛的巨大家族。

　　现在留下的宋代古迹是矗立在村子西南角为纪念南宋状元董德元而建造的状元楼，这座楼经数次重修，依旧保存了宋代的柱础和风貌。还有为纪念北宋时董洙、董汀、董仪、董师德、董师道兄弟叔侄五人同科进士的"五桂坊"。今天我们见到的流坑村，是在宋元和明前期的基础上经过明代中叶董燧规划整治而成。

董燧的规划整治，一是在村西挖掘长湖，取名为"龙湖"，将全村的天然雨水和生活用水从东向西引入湖中，再将湖水与流经村子的恩江相贯通，这就使全村为水所包围，形成山环水抱的佳境。二是将村中密如蛛网的街巷加以规划整治，从东到西开辟7条宽巷，从南到北设置一条宽巷，横七竖八的布局与水道相一致，其余小道小巷则穿插其间。这种如同棋盘的格局，显得井然有序，适合当地的地势地形。族人也按照房派支系分区居住，如同唐宋时代的里坊规

制。各房派宗祠与各房派族众结合在一起，就像是众星拱月。全族大宗祠则建于村子的左前方，其他宫观庙宇均建于村庄的外围，以符合古礼的要求。整个流坑村，每条宽巷的头尾均有巷门望楼。外有乌江、龙湖环绕，内有多处门楼守望，仿佛一座小小的城池。三是在董燧的经营下，建造了18栋联为一体的住宅，在经历了400多年的风霜雨雪后，至今较为完整地保存下来的只有2栋。住宅是典型的明代风格，厅堂照壁镶嵌着精工烧制的麒麟、凤凰、花卉、瓜果等式样的方砖，当来自天井的阳光照射到墙壁上，立即反射出明丽的光芒，使昏暗的大厅顿时亮堂起来。

在流坑的建筑群中，有一大批富商营建的宅居，由于封建等级制度的限制，他们建造的规模和装饰受到一定的约束，但他们还是想尽办法越轨过线，使这些宅院建得富丽堂皇，如董学文的宅第、董士纯的祠堂（文德公祠）都极为壮观，给我们留下了一批明、清时期江南富商的住宅和祠堂标本。

明清时期，村中有近百座大小祠堂和数十座大小书院，加上玉皇阁、魁星阁、三宫殿等神社建筑，以及状元楼、五桂坊、翰林楼、步蟾坊等近30座纪

念、表功性楼坊，都是按照那个时代的制度、规格和要求修造的，使古村落洋溢着一种浓郁的宗族和文化气氛。流坑民居建筑的形状和结构与江南民居相近，清一色的青砖灰瓦，朴实素雅。高峻的马头墙，仰天昂起，既可防风，又可防火。宅第采用木架结构，一般为两层，上层贮物，下层住人。厅堂居于中央，卧房分置左右。明代宅居大门多在右侧，而清代民居大门移至中间。建筑的门楣、屋檐多有雕刻和彩绘。屋内墙壁、门柱、窗棂、柱础、枋头、雀替甚至挡板和天花板，也多有木刻彩饰，其花鸟虫鱼、人物山水、传奇故事、神魔鬼怪，真可谓琳琅满目、应有尽有。

流坑村在南宋高宗绍兴十九年（1149年）以前属吉州，此后一直归属抚州管辖，但村落位于恩江上游，属赣江水系，因此与吉州地区仍有不可分割的联系。所以其文化既有吉州的传统，又受抚州的熏陶，吉抚二州的古代文化在流坑有集中的体现。近1 000年来，流坑科举兴盛、仕宦众多、爵位崇高、经商富裕、建筑齐全、艺术精美、家族大而且延续持久，在吉抚二州以至江西全省，都是独一无二的，在全国也很少见。

赣南客家围屋

在赣南与闽、粤三省交界的地区，有一种带有防御性质的"围屋"民居。围屋，顾名思义即围起来了的房屋，其外墙既是围屋房子的承重外墙，也是整座围屋的防卫围墙，它的大门门额上多有"某某围"的题名，如磐安围、燕翼围、龙光围等，当地人称其为"土围子"或"围子""水围"。围屋最早的建造年代为明代晚期。赣南围屋主要分布在"三南"（龙南、定南、全南），以及寻乌、安远、信丰的南部，以龙南县的最具代表性，也最为集中。据不完全统计，一个自然村往往便有七八座围屋。龙南围屋在形式种类上也最全，除大量方形围屋外，还有半圆形的围式围屋、圆形围屋，以及八卦形和不规则的村围。结构上既有用三合土和河卵石构筑的，也有用青砖、条石垒砌的。从体积上看，既有赣南最大的方形围屋——西围屋，也有最小的围屋——里仁白围

（俗称"猫柜围"，形容其小如养猫笼）。龙
南关西围屋建于清嘉庆末年，道光七年
（1827年）完成，围屋规模庞大，占地
8 000平方米，平面近于方形，长边93
米，短边83米，四角设堡。每层围屋共
79间，共有3层，围屋中间套有14个天井
的豪华大宅，布局严谨，序列分明，空间院

落组织丰富。定南县几乎各乡镇均有围屋，较零散，
多用生土夯筑墙体，所以屋顶形式也多为悬山，此为其他县所少见。全南县围
屋基本上采用河卵石垒砌墙体，为了争取到多一层的射击高度，大部分围屋顶
上四周砌有女儿墙和射击孔，以便必要时上屋顶作殊死抵抗。安远县围屋主要
分布在以镇岗、孔田为中心的南部乡镇，现约存100余座。信丰县围屋多见于
小江乡。寻乌县属珠江水系，过去受粤东文化影响，所以这里南部乡镇多围拢
屋，但是许多是在正面两隅设炮楼的围拢式围屋。以上各县围屋，估计总数在
600座以上。

　　典型的赣南围屋，平面为方形，四角构筑有朝外凸出1米左右的炮楼（碉

堡），外墙厚在0.8米～1.5米之间。围屋立面高二至四层，四角炮楼又高出一层。外墙上一般不设窗，仅在顶层墙上设有一排排枪眼，有的还有炮孔。屋顶形式以硬山为主。围内必设有1口～2口水井。围屋平面主要有"口"字和"国"字形两种形式，前者除四周围屋外，围内别无房屋，围屋设有祖堂厅屋，小的厅堂是采用普通的一明两暗式建筑。"国"字形围屋的祖堂采用三堂两横中轴线对称式，大者面积近万平方米，建筑材料以砖石为主，墙体大多采用俗称为"金包银"的砌法，即1/3厚的外皮墙体用砖或石砌，2/3厚的内墙体用土坯或夯土垒筑。围屋与闽粤围楼最大的区别是：赣南围屋的防御功能更为完善，不但围屋四角均建有炮楼，有的还建在墙中，其功用显然是为了便于警戒和打击已进入墙根的敌人。门是整个围屋的安危所在，所以一般在板门后设有一道闸门，有的围屋在闸门后还设有一道便门，而板门前再设有一道"门插"（栅栏门）以防火攻。门顶赣南围屋是集家、祠、堡于一体的防御性民居，围内不仅设有水井和专门积屯粮草的房间，甚至连"土地庙"也搬进围内，即使敌人长久围困，也不会耽误初一、十五的平安祈祷活动，只要将围门一关，几乎就是一个独立王国。不管围内营建多少间房屋，必求整齐统一，街巷分明，以确保围内交通、通风采光的便利。另外还需保证围内有适当的室外空间，

满足晾晒浆洗等农家生活，每座围屋都很注意留出一块阳光地带来，俗称"禾坪"。祖堂是围屋的圣殿，位于中轴线上，是人们举行重要礼仪活动的公共场地。住在围屋的人们最爱聚集之处还是围门厅，因祖堂太庄重，光线也黯淡，而门厅则不仅光线好、通风好，还是进出围门的哨口，因此，它成了人们日常感情交流的主要场所。门厅两边设有长凳或树桩、石块等以便坐下，几乎任何时候走访围屋，尤其是夏天，这里都会有人，若遇生人他们便会"笑问客从何处来"。房屋的空间利用上，底层基本为厨房和客厅，多为"前厨后厅"的形式，楼上一般为卧室和贮藏间。从外观立面上看，围屋四角炮楼高于四周围屋楼房，围屋楼房又高于围屋中心的建筑，为了取得更多的利用空间，围屋楼房常在二三层的内檐下设有环行通廊，俗称"外走马"。

赣南围屋的细部艺术，主要表现在围内尤其是"国"字形围的厅堂建筑中。因厅堂的好差或档次的高低，往往代表着一围或一姓一房的脸面或地位。因此，祖堂或厅堂中的梁架垫木、门窗额枋、柱联柱础、天花铺地等，都会尽其资财所及、毕其工艺所能，精益求精地进行装饰。如祠堂大门门面，一般为仿木构牌楼线脚装饰或雕刻，额书堂号或其他标榜门第出处的文字。厅堂内均铺砖，天井阶沿皆用巨条石打制。祖堂或正厅一般单层，梁架制作精美，厅堂天花上绘有民俗彩画，高级的还有藻井。朝厅堂开设的门，绦环板上均雕刻人物故事或花卉祥兽，风格接近徽雕；天井两例的厢房，则用六或八扇隔扇门。厅堂内用柱不多，有木质和石质之分，石质的往往四面题刻对联，柱础都有雕饰且形式多样。此外，围内用卵石拼铺的室外铺地花样，以及悬挑的走马楼也颇有些艺术特色。

巩义市康百万庄园

  康百万庄园面对伊洛河，背靠邙山岭，建筑群依山傍水，环境幽美。整个庄园很大，包括祠堂、金谷寨主宅院、普通院落的住宅、作坊、栈房、饲养房等，它是我国北方黄土高原区典型的古城堡窑洞庭院住宅。庄园在1961年被列为省级重点文物保护单位。

  康百万庄园始建于清道光八年（1828年），而金谷寨主宅院建于清同治年间，约在1862年以后。因康家追慕西晋石崇在洛阳修建的"金谷园"宅第，遂在邙山岭相地大兴土木建造宅院，并取名为"金谷寨"，直至宣统年间（1909年）才算完工，前后历时80年。在八国联军入侵的第二年（1901年），慈禧太后和光绪皇帝西逃返京时路经巩义市，康家献上白银百万两，慈禧遂封康家为

"百万富翁"，此后康家便以"康百万"驰名中州。

金谷寨主宅院共4个并列的四合院和1个偏窑崖院组成，占地面积为4 300平方米。其中砖券窑洞16孔，带阁楼房屋13栋，平房22间，建筑

面积为3 020平方米。5个院落均坐北朝南，依山而建。除第一院设有堂屋正房外，其他院落则以砖砌崖窑作为正房。头院内房屋纵轴对称、错落有致，大门设于东南，与倒座的客厅毗连。第二、三、四院都设有垂花卷棚二门，二门前有4米宽的东西走道相通，后院还有2米宽的石径横贯，形成一个既相互联系又相互独立的大型宅第。

康百万庄园富丽豪华，砖木结构精巧别致，叠脊山墙气宇轩昂，门窗棂花剔透玲珑，雕梁画栋风雅华贵，家具陈设典雅古朴，庭院绿化曲径通幽，月门洞开步移景异，山石花木交相辉映，加上得天独厚的黄土崖建筑，给庄园增添了浓郁的地方特色。

院落中尤以第三院最有特色，其南北纵长42米，东西宽14米，占地588平方米，建筑面积为576平方米。宅院由东南角进入大门，迎面青石假山卧于葡萄藤下，两株石榴树曲枝遮阴，倒座的门房客厅屋檐凌空，透花门窗雕刻精细。二门前两侧建有两间对称的卷棚顶花房，二门石雕匾额楹联雅趣横生，背面为"花楼重辉"木雕屏风。后院厢房对峙，耳房挂连，石雕花坛将后院隔为两个空间，上面刻有"云龙水兽""仙鹤飞虎""迎宾宴客""躬耕课读"，其构思精巧、雕工细致，是著名石匠车清元的妙手杰作。正北面是三孔砖券窑洞，冬暖夏凉，窑洞的门脸砖雕为缠枝花图案的浅浮雕，窑顶采用透花的女儿墙，整个窑洞造型既烘托出地势环境之美，又体现了雍容大气的建筑风格。

湘西吊脚楼

在湘西吉首市有一座老县城名叫"凤凰古城"，它坐落在清溪幽壑、丛林密布的武陵山脚下，山泉汇成的小河"沱江"由东向西穿城而过。沿河西岸相对而造的单体木构吊脚楼，互相搭构，高低起伏，构成两条气势磅礴的建筑长廊，似一曲华丽而富有节奏感的建筑乐章，处处蕴藏着深厚的"巴文化"积淀。这是土家人按照自己的生活方式，为适应这里的自然环境而建造的独具特色的木构架吊脚楼群。从选址到空间布局，从单体建筑构造、组群结构到细部的装饰处理都凝聚着土家人的智慧，延续和发展了"干栏"木构架建筑文化独特的风格体系，表现了崇尚自然生态环境与传统风水的景观理念。

土家族住宅，多是同宗同姓的人聚居成一村一寨，以姓氏做寨名，如李家湾、向家坡。住宅由正屋、偏屋、木楼三部分组成。正屋一般修六扇五间，有"三柱四棋""五柱八棋"或"七柱十一棋"。"七柱十一棋"的大屋为十

扇九间。住山地的，多依山傍水建造坐北朝南、纯木结构的吊脚楼。吊脚楼为每扇四柱撑地，横梁对穿，上铺木板呈悬空状态的阁楼，绕楼三面有悬空的走廊，廊沿装有木栏扶手。木栏上雕"回"字格、"喜"字格、"亚"

字格等吉祥图案。凭栏可观景，也可晾晒衣物。阁楼屋脊以瓦作太极图形，四角翘檐，玲珑飘逸。屋脊与檐均用灰浆安砌花格窗，上嵌玻璃，涂刷油漆。

如今凤凰古城那一幢幢古色古香、富有浓郁土家族风韵的吊脚楼大多已不复存在了，只有在回龙潭那里尚留有10余间老屋，细脚伶仃的木柱立在河中，托起一段沉沉的历史。

回龙阁吊脚楼群全长240米，属清朝和民国初期的建筑，如今还居住着10余户人家。吊脚楼均分为上下两层，俱属穿斗式木结构，具有鲜明的随地而建的特点。上层宽大，下层占地很不规则。上层制作工艺复杂，做工精细考究，屋顶歇山起翘，有雕花栏杆及门窗。下层不作正式房间，但吊下部分均经雕刻，有金瓜或各类兽头、花卉图样、上下穿枋承挑悬出的走廊或房间，使之垂悬于河道之上，形成一道独特的风景。

这种建筑通风防潮，能避暑御寒，是土家族独特的建筑工艺，具有很高的工艺审美和文物研究价值。

小故事

关于吊脚楼，有许许多多的传说，据四川酉阳人讲，土家人最早居住在山洞和大树下，日晒夜露，风吹雨打，生活极其艰苦。有一天，张天师正好路过这里，看到土家人无房居住，于是来到东海龙宫，见过龙王，求他借一座宫殿给土家人居住。龙王早有此心，很痛快地答应了。于是，张天师便手提一座龙王宫殿来到土家人居住的地方，让大家仿建。久而久之，就成了土家人的吊脚楼。传说终归是传说，吊脚楼的形成还应该从自然地理上去寻找原因。

湘西凤凰古城民居

　　湖南湘西凤凰古城，因其西南方有山如凤形而得名。先秦时期属楚国黔中之地；秦统一中国后，属黔中郡；汉时为武陵郡地；唐代时先隶属麻阳县，后属渭阳县；清康熙年间凤凰成了政治和军事的重镇。自古这里就居住着土家族和苗族的先民，这两个民族进入凤凰境域后，生息繁衍，开辟鸿蒙，已有将近3 000年的历史。凤凰古城就坐落在沱江河畔，碧绿的江水从古老的城墙下蜿蜒而过，翠绿的南华山倒映江心。江中渔舟游船数点，河畔上的吊脚楼轻烟袅袅，河岸码头边常见有浣纱姑娘在戏水打闹，笑声朗朗。凤凰古城依山傍水，清康熙五十四年（1715年）始建石城，红色砂岩砌成的城墙仁立在岸边，城墙设有四门，东名"升恒"、南名"静澜"、西名"阜城"、北名"壁辉"，城

楼均建于清朝年间。现在锈迹斑斑的铁门，还能看出当年威武的模样。出北门是过去的码头，城门呈拱形，两扇系以铁皮包裹，用圆头大铁钉密钉。城门上的城楼依然保存完好，楼高11米，用青砖砌筑，歇山屋顶，飞檐翘

角，造型雄伟。城楼对外一面还开有枪眼两层，每层4个。北城门外宽阔的间面上横着一条窄窄的木桥，以石为墩，两人对面走过都要侧身而行，据说这里是当年出城的唯一通道。

北门城楼与东门城楼之间有城墙相连，高近6米，采用本地红砂条石筑砌，坚固异常，现在依然保存完好的一段约有500多米长。前临清澈的沱江，既有军事防御作用，又有城市防洪功能，形成古城一道坚固的屏障，虽几经战火，仍巍峨耸立于沱江河岸。

朝阳宫位于古城北西侧的西门坡，原名"陈家祠堂"，建筑有大门、正殿、戏台、左右包厢、厨房、厕所等14间房屋，构成了典型的南方四合院。入大门，从戏台下穿过，即为一宽敞的四合院天井，全用方形青石板铺成，整齐有序。正面正殿是三开间木结构，殿基用精雕细凿的红砂条石浆砌，高出天井坪1.2米。明间前铺设有9级紫红砂石扇形石阶，内檐开圆形月拱大门，拱门四周镂冰纹花格。两边次间正面均为花格通风木窗，前有木雕栅栏走廊，这是过去乡绅阔佬看戏的地方。戏台背靠大门牌楼，与正殿相对，离地2.1米。台上正中题名"观古鉴今"，台前两侧悬挂对联一副"数尺地方可家可国可天下；千秋人物有贤有愚有神仙"，玄妙而义真切。台后正中彩绘福禄寿三星画，上面藻彩绘戏剧人物9幅，均是一幅一典。台顶为重檐青瓦屋向，飞檐翘角，古雅端庄。朝阳宫是湘西古建筑的精华。整座院落雕梁画栋，红柱碧瓦，特别是栅栏和花窗，工艺精细，造型别致。

　　大成殿位于古城登瀛街县二中的校园内，走在文星街，便能见到大殿翼角反翘的屋檐。大成殿建于清康熙四十九年（1710年），原是文庙的正殿，建筑中规中矩，是典型的宫殿式建筑。基台以红砂石砌筑，大门为八合雕花门扇，两边次第有扇形花窗，大殿前4根檐柱上的金龙浮雕、狮身也还精美，抬头能见到藻井中的彩绘。殿内是孔圣先师的画像。

　　沈从文故居建于清同治五年（1866年），位于中营街10号，是沈从文先生曾任清朝贵州提督的祖父——沈宏富于清同治五年购买旧民宅拆除后兴建的，为典型的南方四合院建筑。有天井、正房、厢房、前室等10余间，房屋是穿斗式木结构建筑。四合院占地约200平方米，分前后两进，中有方块红石铺成的天井，两边是厢房，大小共11间。马头墙上装饰有鳌头，故居小巧别致，门窗镂花，古色古香，清静典雅。整座建筑具有浓郁的湘西明清建筑特色。沈从文在此度过了他的童年和少年，1985年按原貌重加修葺，并辟为沈从文故居展览馆，陈列着沈从文先生的照片及墨宝等。

　　熊希龄于清同治九年（1870年）出生于凤凰城。其故居在古城北文星街的一个小巷内，是一座由堂屋、卧室、厢房组成的古式四合院平房建筑。四合院面积不大，有正屋一栋三间，配有厨房和伴读书房。出堂屋正门有一小天井，厢房数间环之。门、窗、墙大部分为木结构，其上或雕花或绘图案，造型大方。故居古色古香，陈列有熊氏一家用过的桌椅家具、古式文具、熊希龄的文稿手迹和各个时期的影照等实物。陈氏老宅是凤凰城近代四合院中保留最完好的一栋，位于老菜街50号，离北门不远。此宅原为清代二品大员府邸，始建于清嘉庆二十五年（1820年）。修建者为陈开甲，在北京供职，为二品文官，在正厅挂有此公的画像。后为国民党少将团长陈斗南及其子孙私宅。房屋为纯木结构，古典严谨。四周有8米高的风火院墙围护，院墙下砌有1米多高的红砂条岩石，整齐有序。房屋整体为长方形，前后两栋相连，中有天井，构成四合院。下有回廊，上为"跑马廊"，回廊右侧有木栏扶手梯至楼上。宅院的雕花门窗甚为精美考究，屋内装修工艺精细，建筑特色有：防潮的古钱式通气孔、采光的半腰花格天窗、防水的厕所通道"一脚干"等。

　　杨家祠堂坐落在县城东北部的古城墙边，由太子少保果勇侯镇竿总兵杨芳

捐资修建于清道光十六年（1836年），现为凤凰书画院。祠堂由大门、戏台、过亭、廊房、正厅、厢房组成，是典型的四合院建筑，占地770平方米。戏台为单檐歇山顶，穿斗式结构，高16米，面阔7米，进深8米；檐下如玉斗拱，台柱雕龙刻凤。正殿为抬梁式建筑，山墙为猫背拱，分为一明二暗三间，两边配有厢房。杨家祠堂设计精巧，做工精细。窗户、门、檐饰件均镂空雕花，整体建筑具有鲜明的民族特色和很高的建筑艺术价值。

田家祠堂位于沱江北岸的老营哨街，始建于清道光十七年（1837年），为时任钦差大臣、贵州提督的凤凰籍苗族人田兴恕率族人捐资兴建。民国初年，湘西镇守使、国民党中将田应诏（田兴恕之孙）又斥巨资最后修建完工。建筑有大门、正殿、戏台多间屋宇，并且有天井、天池、回廊，还设有"五福""六顺"两门。祠堂大门前有六级用红砂石条砌成的扇形台阶。台阶前面有一块较宽的空坪，大门建筑三间，中间大门呈八字形，两边次间均为青砖砌筑而成。祠堂正殿系抬梁式与穿斗式结合构架，硬山顶，高、深、面阔都是20米，殿柱基石均为石鼓，猫拱背山墙，正殿门前砌青石台阶。祠堂戏台为六角飞檐古建筑，歇山顶，饰如意斗拱，左右有次间，是演员演出间歇休息的场所。

湘西德夯苗寨

　　德夯，苗语的意思是"美丽的峡谷"，德夯苗寨位于峡谷的深处，四周山势跌宕起伏，绝壁高耸，峰林重叠，苗寨依山而建，在峰岩下形成高低错落的青瓦木屋。苗族民居为穿斗式木结构形式，除屋顶的瓦以外，梁柱、墙身都用木材来做。平面多采用三开间的布局方式，中间为厅，两旁为房，厨房设在房屋的一侧，形成曲尺形。建筑根据地形起伏，旁侧厢房做成两层楼，二层转角有阳台出挑，上面建有美人靠，里面是姑娘的闺房，称为"小姐楼"。

　　弯曲的青石板路将苗寨建筑串在一起，石板路时而建筑相夹、时而拱桥横卧、时而踏级上下、时而流溪傍伴，人在其中，会感到一种清新自然的山野气息。

德夯景区为苗族聚居地，日常交流均用苗语，苗民自己种桑养蚕、纺纱织布，现在还可以看到用古老的方法榨油、碾米、造纸、织布，用筒车提水灌田，在这里人们可以充分体验到大自然之美和古老的民俗风情。苗族的民俗风情淳朴古老，常见的节日和活动有过年、赶年场（调年）、三月三、四月八、端午节、六月六、赶秋节等。农历六月六的歌会也是苗族传统节日，这一天苗族青年男女都盛装艳服，齐集歌场，以歌交心，以歌传情，所以六月六歌

会又是苗族男女的定情会。赶秋节在农历立秋那天或后一两天举行，庆祝五谷丰登的收成。

德夯苗寨已成为湘西民俗风情旅游区，其民俗旅游项目有拦门对歌、敬酒、苗家做客、苗族鼓舞、苗家歌舞晚会、灯火送客等。

开平碉楼民居

　　开平市位于广东省中部，是粤中的侨乡地区，其民居除了与其他地区的传统民居一样受到封建礼制、宗族家法、自然气候、地理条件等因素影响外，由于大批华侨侨居国外，他们回国返乡时带来了西方的文化思想和审美意识，因此民居往往形成了一种既有传统形式又有外来文化的建筑风貌。

　　民居造型基本上有两种形式：一种是由传统三合院式派生出来的楼房建筑，其立面造型西化，当地雅称为"庐"；另外一种形式就是碉楼，后者是粤中侨乡民居特有的建筑形式。

　　庐是一种造型典雅、材料质量较好的多层楼房，多建在村旁，或离村子有

一定距离的平坦开阔、环境幽雅的地方。庐的平面形式以粤中传统的三间两廊为基础，布置较灵活。房间开有较大的窗户，室内通透开敞，通风采光良好。窗户的形式多样，有八角形窗和凸形窗等。庐的造型别致，很像别墅。外观多为方形，有传统式、西方古典式，也有吸取了西方建筑某些式样或细部的近代式等。碉楼一般为3层~5层，也有5层~7层，最高达9层。由于形似碉堡，故称为"碉楼"。这种建筑形

式是根据当时的需要产生的，主要起防御作用。碉楼顶层向四周悬挑，做成回廊。回廊的墙面和出挑的楼板都凿有内小外大的枪洞眼，可以清楚地看到外面的动向，危急时可向各方射击。碉楼用坚硬的砖石砌筑，入口大门为铁木双板门。顶层中央耸立一个大屋顶，式样则采用了中外各种建筑形式，如中国传统式、西方古典式、文艺复兴式、中亚穹顶式、欧美教堂式等。

碉楼采用集居布局方式，由村民集资合力而建，称为"众人楼"，也有家族修建的，功能以防御为主，其他使用要求较低。平面布局中，中间为通道和楼梯间，两旁为房间。房间比较狭小，每户每层都可分得一间房间。底层作储物用，堆放水和禾草，并作厨房。二层住人，放粮食。三层以上为各户年轻人居住，作瞭望防御用。有的碉楼内还有水井，便于据楼固守。

还有将碉楼与庐结合在一起的裙式碉楼，它既有碉楼挺拔峻峭、防御性强的特点，又有庐式住宅开敞通透的优点。它的平面布局是在碉楼的前部加建一座两层的建筑，内设客厅、餐厅、厨房，平日是家人聚集、起居、用餐的地方，而碉楼内的各层房间则作为卧室，它的客厅像庐宅一样宽敞明亮。一旦发生匪盗情况，家人可立即撤进后面的碉楼。

粤中碉楼始建于明末清初。这些碉楼，或三五成群，或独自傲立在村前、村后或村边，它们在田野的衬托下，更显得别具一格。

广州西关民居

　　西关民居为清末广州的旧民居，从平面布局、立面构成、剖面设计到细部装修等，都有它一整套的模式和独特的地方风格，其中以大户人家居住俗称"古老大屋"者最为精美。古老大屋又以城西商贾豪绅聚居的西关角一带最多，也最著名，有"甲第云连"之誉。西关角形成于清同治、光绪年间，素有"住家林"之称。街巷是4米~5米宽的花岗条石路，两旁大屋与中小形的竹筒屋民居混在一起。

　　西关大屋多取向南地段，建在主要的街巷上，平面呈纵长方形，临街面宽10多米，进深可达40多米，典型平面为"三边过"，即三开间。现双开间以上布局的清末青砖房屋统称为"西关大屋"。三开间的西关大屋，其正中的开间叫"正间"，两侧的开间称"书偏"，书偏是指旁侧的书房和偏厅。书偏旁常设有一条俗称"青云巷"的小巷与邻居相隔。青云巷是取"平步青云"的意思，具有交通（女眷及婢仆出入）、防火、通风、采光及排水等多种用途。青云巷的入口处常做成小门楼，当青云巷较长时，则在中段处加设门洞分隔。

　　正间以厅堂为主，由前而后依次为：门廊、门厅（门官厅）、轿厅（茶厅）、正厅（因其后部上方装有神位和祖先位，又称"神厅"）、头房（长辈房）、二厅（饭厅）及二房（尾房），形成一条纵深的中轴线。每厅为一进，厅与厅之间用天井间隔。轿厅和正厅都是开敞式的厅堂，正厅面常大，是全屋的主要厅堂，也是供奉祖先和家庭聚会议事的场所。尾房是中轴线上最后一个房间其后墙一般不设门窗。两侧用房主要有偏厅、书房、卧室、厨房和楼梯间等。偏厅或书房前面常设有庭院，栽种花木、布置山石池水以供游憩观赏。特大型的西关大屋还带有园林、戏台等。建筑立面为青砖石脚砌筑，正间檐下做成木雕封檐板（花荏），大门由角门、趟拢和硬木门组成，造型别具特色。

室内装修和陈设讲究，木石砖雕、陶塑灰塑、槅扇屏门、蚀刻彩色玻璃、满洲窗、琉璃漏花窗等应有尽有。西关大屋可以说是清末广州传统民居中的代表。

竹筒屋为普通居民所住，为单开间，单层居多，局部设二层。它的平面特点在于每户面宽较窄，常为4米左右，进深却很长，一般长达12米～20米。从前而后有门厅、正厅、卧房、厨房等。宅中通风、采光、排水、交通主要靠天井和廊道来解决，平面布局犹如一节节的竹子，故称之为"竹筒屋"。竹筒屋是西关数量最多的一种民居类型。

初期的竹筒屋民居一般是独家使用的，随着城市的发展和西方先进建筑技术的引入，特别是混凝土的应用，使传统的竹筒屋发生了很大的变化，其主要特征是由单层独户式宅居变为多层分户式宅居。尽管建筑还是采用原有的联排式布局，但建筑立面由于吸收了西洋建筑的装饰手法，整个建筑感观已完全脱离了原来的形式。

西关民居在设计方面，充分考虑了亚热带气候的特点，采用整齐封闭的外墙以减少太阳辐射和防御台风的袭击，同时对防火和保持私密性也很有好处。

建筑利用起伏的坡屋面、小庭院、天井、敞厅、高侧窗、天窗、疏木条采光井、各种通透和可以活动开启的门窗等来自然通风，使居室达到冬暖夏凉的效果。

西关大屋的室内装修，集中了当时工艺的大成，从一个侧面反映了广州经济和文化的发展，它把木雕、石雕、砖雕、陶塑、灰塑、壁画、石景、琉璃漏花、铁漏花、蚀刻彩色玻璃等各种民间传统的手工艺都应用上去，其工艺精细、匠心别具，有些还是从西洋建筑中汲取过来的，做到了兼收并蓄，皆为我用。

梅州客家民居

　　梅州客家地区民居因地处山区，山多田少，村落布置多在山坡或山麓。民居沿坡而建，坡势一般较为平缓。

　　客家民居由堂屋、横屋组合发展而成，多为单层，也有两层的。通常为对称形的平面布局，以堂屋为中心，两侧横屋数量不拘，视家族人口而定。平面形式有：单门楼二横式、双堂一横式、双堂二横式等，大型的有三堂二横式、双堂四横式等。有的民居四角设角楼，称为"四角楼"。客家民居结构封闭，聚居性强，其目的主要是防御外姓宗族的进犯和维护其家族的利益。

　　客家民居常在后部加围屋，当地称为"围垅"。围垅民居朝向不定，常背靠山坡面向耕地，围前有池塘，便于排水和灌溉农田，对于防火也有一定的作用。围后及左右种有树丛和竹林，以防台风和寒风，同时也能调节局部小气候。

围屋有方围和围垅（带半圆形后屋的）两种，以围垅居多。围垅有单围、二重围或多重围，视住户人数而定。方围一般住10户~25户，个别的有30户；围垅一般住20户~45户，多的住80户以上。围屋可单独成一村落，也可多个组成一村落。各围内有水井和生活必需的公共设施。

客家围垅民居的前部为厅堂和住户，后部围屋房间为扇形平面，中间称为"垅厅"，其余房间都称为"围屋间"，通常用来作杂物库房、畜舍、柴栈和厕所等。民居外墙基本上不开窗，以实墙面为主。所有通风、采光、排水的功能均由天井来完成。

梅州南口镇南华又庐是梅州传统客家民居中的一种，为大型的十厅九井三合土墙建筑，由侨乡村潘氏第15代子孙印尼华侨潘祥初于清光绪三十年（1904年）所建。

南华又庐位于较平坦的地方，大门取自东向，是根据周围的环境（如山脉高低）和屋主家人的生辰两者皆吉利的情况下确定的。南华又庐的平面形式是中间为堂屋，两边为横屋，横屋旁边是杂间和花园，前面是禾坪、水圳，后面是枕头围屋，围屋后面是果树园，种有龙眼、阳桃、橄榄等。堂屋里面的上堂、中堂、下堂是家人公共活动的场所，家人活动时均按辈分高低排列，长辈在上堂，晚辈住下堂。堂屋是长辈的居室，横屋是晚辈居住的地方，为各自独立的完整庭院小屋，俗称"屋中屋"。北边的杂间是农副产品加工间和猪舍、厕所。围屋间用作厨房、粮仓和杂物间，有防盗作用。而围封的果树从风水角度来说有消灾作用。前面的禾坪可作为家人室外活动和晾晒农产品的场所，水圳有排水和防御盗贼的功用。整个民居群呈前低后高的形状，建筑内设有许多大小不一的天井和巷道，以利于通风和采光。

南华又庐室内装修讲究，其木雕对图案花饰和陶瓷花窗的应用较多。庭院内种植有树木、花草，还布置有金鱼池、凉亭等，是一座环境优美的民居建筑。

海南黎族船形屋

　　黎族是居住在海南岛五指山区的一个少数民族，同一血缘的人多聚居在一个村寨里，村寨周围都种有槟榔、椰子、大树菠萝、木瓜等树木，黎族民居就坐落在这些树木丛林中。

　　最早的黎族民居"皆棚屋，依树积木，以居其上"，名为"干栏"。黎族干栏是较有特色的建筑，它多以竹木为架，茅草为屋面材料，底下架空，上部为住人的房屋。黎族干栏建筑的外形是墙壁与屋顶不分，统一构成半圆形的桶状茅草盖，状如船篷，仅在前后设门，四周无窗，门外设有船头（晒台），上下用小梯。有的干栏屋低矮，其半圆形的茅顶边缘可以垂到地面，更像一个扣在地上的船篷，所以又称这种房屋为"船形屋"。船形屋的形成可以说明黎族先民是渔业民族，以船为家，上岸农耕以后，人们仍然依恋原来的渔船式住

屋，所以这种建筑形式就延续下来了。同时这也反映了建筑形式的滞后性。

　　由于船形屋低矮、简单，内部平面划分也十分简单，仅用竹木栅等半隔断隔出一些卧室来。目前使用船形屋的居民已经很少，多分布在五指山的腹地，如昌化江上游的杞黎，南渡江上游的本地黎等部落。

　　海南岛沿海地区的黎族，因与汉人接触较多，吸收了汉族的建造技术，也改用坡屋顶的平房，称之为"金字屋"。金字屋的墙壁多以竹木为构架，抹以稻草泥，茅草顶。少数富裕的人家也有建瓦屋的。平面基本上是长方形，内部分隔成厅、卧房、厨房、粮仓等，卧房面积较小，常不开窗，尚保留船民时代的生活习惯。

　　黎族的孩子到了十三四岁后便与父母分开居住，搬到"布隆闺"，"布隆闺"多建在父母住屋附近或村边较偏僻的地方。男孩住的叫"兄弟布隆闺"，女孩住的叫"姐妹布隆闺"。晚上，只要是血缘关系不同，适合于通婚年龄的青年男女，都可互相拜访，在"布隆闺"里谈情、唱歌，吹奏黎族特有的鼻萧或口弓。

阆中古城民居

　　历史文化名城阆中，位于四川北部、嘉陵江中游。阆中的城市历史源远流长，战国时为巴子国都，秦惠文王后元十一年（前314年）置县，迄今已有2 300多年的历史。据史料记载，阆中是人类始祖伏羲的故乡；三国蜀将张飞镇守在这里，后卒于阆中并埋葬于此；这里也是南宋抗金骁将岳飞的女婿张宪的出生地；历代文人墨客包括杜甫、陆游、司马光、苏轼父子等先后莅临阆中观光或旅游，留下了大量珍贵的墨宝和诗篇。古城"三面江光抱城郭，四周山势锁烟霞"，自古就有"间苑仙境"的美誉，其"锦屏春晓""嘉陵秋水""云台仙风""玉台积翠""梁山戴雪"等十大自然景观，似仙工造化，旖旎奇绝。

　　由于地理环境的封闭性，阆中古城保存得非常完好，城内的古街道纵横交错，地面青石板铺路，街道两边是青瓦盖顶的木结构建筑，许多街巷仍保持着唐宋时的建筑风格。古城布局体现了我国古代的风水观，城址处于两山之间的面江台地上，以蟠龙山为正北，锦屏山为正南，古城纵向街道走向有意偏离蟠龙山与锦屏山两者形成的风水空间轴线，建筑也不正对锦屏山以"冲王气"，衙署、祠庙、宅居等无一例外。

　　阆中名胜古迹有滕王阁、张宪祠、少陵祠、放翁祠、观星楼、万

卷楼、汉桓侯祠、张飞庙、巴巴寺等。"嘉陵三百里，阆苑十三楼"，阆中华光楼被称为"阆苑第一楼"，楼高36米，共3层，每层四面环廊，屋顶重檐为琉璃瓦，檐下和转角均配以精美木雕人物装饰，并装有雕花带窗的槅扇门。登楼鸟瞰，只见古城四周青山如黛。三面碧水依依，一幅融山、水、城于一体的天然图画尽收眼底。

　　阆中古城在街巷的平面布局、空间处理，建筑物的外观造型、构造方法、细部装饰和材料选用等方面，都具有独特的风格。阆中古城内的民居属于明清风格，有的具有明代建筑的疏朗淡雅，有的具有清代建筑的精美繁复。建筑平面因地制宜、灵活多变，庭院多重、层次丰富，四合院内大院套小院，天井连天井，院内屏风、花台、假山相映成趣，步移景异，意味无穷。做工精细、雕饰古雅的门窗，轩轩见景、扉扉入画，形成古、雅、幽、翠，并且具有典雅精致的雕绘艺术特点。现挂牌保护的居住点143处。这些官宅、民居的共同特点是：临街的小木屋都有外柱廊，出檐数尺，供行人遮阳、避雨。建筑布局大部分是四合院。有些院内回廊曲径，古朴典雅，具有南方园林特色。在街道交汇处，往往有楼台拔地而起。建筑多数为单层平房、使木板墙壁。窄窄的古街道纵横交错，使古城区显得古色古香。

　　阆中县城马家大院是一座纵横双向的两进四合院，该宅左侧为杂院，右侧分为前后庭院，前院宽敞明亮，后院宁静清雅。在后院西南角还设有一个小天井，以改善书房、客厅的采光和对景效果，并专供书房主人休息。客厅上设有望远楼以便扩展视野，近可观庭院景色，远可眺锦屏山风光。建筑雕刻精细、装修考究，花窗上嵌小块云母以便采光及作装饰，这在那个时代确为一大创举。

黄龙溪镇民居

　　黄龙溪镇是成都平原府河下游重要的风景旅游名镇，历史上为兵家必争之地，至今还有蜀王、诸葛亮、张献忠、杨展在此大战的传说。黄龙溪镇已有1 700多年的历史，至今仍保留着古雅、庄重的蜀中古镇特色。据史料记载，黄龙溪古名"赤水"，《仁寿县志》中记："赤水与锦江汇流，溪水褐，江水清，古人谓之黄龙溪清江，真龙内中藏。"黄龙甘露碑云："黄龙见武阳事，铸一鼎，象龙形，沉水中……故名曰黄龙溪镇。"

　　黄龙溪镇，古称"武阳"，其历史可以追溯到西汉建安二十四年（219年）。古时客商们早晨从成都望江楼顺流而下，至黄龙溪有50多千米的水路，正好是一日的行程。大家在这里停泊投宿，于是黄龙溪的驿馆饭庄便兴隆起来，并逐渐形成了一个商镇。

　　黄龙溪是以河流和集贸风光为主的古镇，府河与鹿溪河交汇其中，有景点10处，皆以"古"为特色。古镇沿府河北岸呈线形延伸，明清古建筑群落保存完好，古街、古树、古庙依旧如故，体现出"古""幽""趣"等原汁原味的特色。黄龙溪现有明清时期街坊7条，街面全由石板铺

成，两旁廊柱排列有序，街面平均宽度为3.5米。明清民居沿街纵向布置，多为单开间，形成下店上宅的布局方式。街上的茶铺商店，全部为木质墙面，其朴实的木雕装饰图案，无不透着些古意。沿河民居傍水而建，河边飞檐翘角的吊脚楼，

体现了古蜀民居的"干栏"文化特色。

此外，古镇内尚有三座完整的寺庙，即古龙寺、镇江寺和潮音寺，寺庙都位于黄龙溪的正街上，形成一街三庙的景观。这种街中有庙、庙中有街的景象，加上镇外建筑宏伟的另外两座大寺庙，给小镇增添了十分厚重的古文化气息。金华庵下的府河上还建有拦河筑堰引水灌溉的水利工程设施，使黄龙溪的万亩良田得到良好的灌溉，其作用近似一座小型的"都江堰"。

值得一提的是，镇内现有树龄800年以上的古榕树6株，盘根错节的树根和浓荫蔽日的树冠，增添了古朴浓郁的古镇风貌。在鹿溪河畔镇龙沟内还有一株外形酷似龙的千年古树——乌柏树，其外观非常奇特，留下了许多美丽的传说。镇中还有7株250年以上的参天黄桷树，现在仍然显露出勃勃的生机，其中2株的覆盖面积达300平方米以上。

古镇黄龙溪镇众多的民风民俗也是看点之一，如打更、放生会、龙舟会、烧火龙、观音会、川剧座唱等习俗，更是蕴含了川蜀民间的生活情趣和历史文化。特别是"烧火龙"，是古镇黄龙溪闻名遐迩的、最为传统的民间文体活动。

大邑刘氏庄园

　　我国现存规模宏大且最为完整的私人庄园——大地主刘文彩的大邑刘氏庄园坐落在四川省大邑县安仁镇。刘氏家族是旧中国集军阀、官僚、地主于一体的豪门望族。大邑刘氏庄园是刘文彩及其五个兄弟的公馆和一处祖居组成的庄园建筑群。公馆始建于清末民初，到20世纪20年代～20世纪30年代，刘家先后出了刘湘、刘文辉两个大军阀，控制了川、康两省，刘氏家族也开始急剧壮大。庄园就是在这个时期营建起来的。庄园占地总面积为7万余平方米，建筑面积达21 055平方米。现在开放的两座庄园，分别为原来的老公馆和新公馆。

　　老公馆外形为不规则的多边形，由6米多高的封火山墙围绕，有大门门道7道，大门两侧的墙上均设有枪眼。公馆内有180余间房屋，27个天井，3个花园。内有大厅、客厅、接待室、账房、雇工院、收租院、粮仓、秘密金库、佛堂、望月台、逍遥宫、花园及果园等。老公馆是刘文彩于1932年修建起来的。园内重墙窄巷，铁门大锁，布局复杂，形如迷宫。但其建筑装饰却十分奢华，楼阁亭台皆雕梁画栋，窗棂栏杆刻有飞禽走兽、奇花异草等图案数百种。

　　刘氏庄园独具特色的"小姐楼"建于20世纪30年代。楼高三层，平面设计为六

角形，攒尖屋顶。一二层外墙做成连续的拱廊，三层为矩形窗，通风采光好且视野开阔，在此可俯视全园，也可作为观测台，巡视外围情况。小姐楼为砖木混合结构，建筑和庄园上端三角形的窗户及柱式拱廊结合在一起。

整个刘氏庄园是一组典型的中西合璧的建筑群，既有中国封建豪门的奢华遗风，又吸收了西方宗教建筑的特色。其建筑风格反映了清末民初川西民间的建筑形态和民俗传统，也反映了当时社会历经的变迁。

大邑刘氏庄园于1959年开始对外开放，1980年被列为四川省级文物保护单位。为了使陈列的内容更丰富，1988年在庄园新公馆创办了川西民俗博物馆。1993年，庄园利用刘文臣（刘文彩四哥）公馆设立了庄园文物珍品馆，1996年被国务院列为全国重点文物保护单位。1997年，庄园小姐楼经过维修对外开放并更名为大邑刘氏庄园博物馆。

理县桃坪羌寨

　　桃坪羌寨始建于清朝中前期，是羌族建筑群落的典型代表。共有98户人家，羌族居民占99%。桃坪羌寨位于汶川县与理县之间的高山山腰，依山势而建，杂谷脑河水从寨前奔流而过。远远望去，黄褐色的石屋顺陡峭的山坡逐次上垒，或高或低、错落有致，其间碉楼林立、气势不凡，风格独特，与对岸山峰的烽火台遥遥相望。

　　羌族的居住建筑在战国前是"穹庐"，即帐幕，后来居住土屋。现在的羌民仍有筑土墙为屋或筑矮土墙的习惯，在土墙中混入牛、羊毛，使墙体极为牢实。再后来羌民"依山而居，累石为室"，羌族建筑以碉楼、石砌房、索桥、栈道和水利筑堰最著名。

　　目前羌族村寨多筑于山腰且靠近溪泉之地，也有少数居于高山河谷地带，筑房依地形而建，不太注重朝向。民居以乱石为料，用泥土做黏合剂，结构严谨，棱角分明，壁面光滑平整、坚固耐用，所以数十年、上百年也不会倒塌，有的经过多次地震，仍旧完好无损。寨中的大多数寨房相连相通，外墙卵石和片石的混合建构斑驳有致。有些寨房建有低矮的围墙，保留了远古羌族居"穹庐"的习惯。寨中巷道纵横，岔道极多，犹如迷宫。

羌族民居用石片砌成的平顶庄房呈方形。房顶平台的最下面是木板或石板，伸出墙外形成屋檐。木板或石板上密覆树丫或竹枝，再压盖黄土夯实，屋顶有涧槽引水，不会漏雨雪。建筑冬暖夏凉。房顶平台为开敞的檐廊和晒台，作为脱粒、晒粮、做针线活及孩子游戏、老人歇息的场地。有些楼房还修有过街楼（骑楼），以便往来。

庄房通常做成二层或三层，室内多用独木截成锯形的楼梯上下。三层者，底层为牲畜厩舍并堆放杂草和沤粪，层高较低，外墙不开窗，仅有很小的透气孔；中层为居住用房，除了卧室、储藏室外，还有锅庄（灶），正中靠墙处供有神位，内部整修考究，为一家起居、会客及婚丧礼仪的地方，类似汉族民居的堂屋。顶层为开放式的照楼和晒台，是日常生活中不可缺少的部分，晾粮食、妇妇做手工编织或儿童做游戏都可利用这块平地。二层的庄房，人居住在下层，牲畜另在屋外设圈，圈旁附设厕所，环境比较卫生，庄房屋顶佛楼供奉神龛。庄房大都有壁饰，图案简单明朗，最常见的是"王"字形、"十"字形、风轮形等。图案的中心用小白石块镶成，有用石片砌成光芒状者，也有用瓦片砌成似古钱币的孔方圆形者。在房背矮墙上常见石刻羊、犬等家畜图案作为镇压邪祟之物，也可视为装饰。

每间房屋的房顶四角或一角垒有"小塔"状供台，供奉卵状白色石头，当地俗称"鸡公石"，这是羌人供奉的白石神。羌寨楼层的用途体现了羌民族"人在畜上，神在人上"的传统习俗。羌寨中最具特色的是碉楼，一个羌寨中总有几座碉楼立于寨中。桃坪羌寨中有两座古碉楼最为引人瞩目，它们均为9

层，高约30米，层与层之间用楼梯相连。碉楼上布满了枪孔，楼内供进出的门修得很小，人只能躬身进出，攀上碉楼，整个羌寨一览无遗。羌寨碉楼为四角堡垒似的造型，底部较宽，逐渐向上收缩，内部设有木梯直通顶端云台，窗户内宽外窄。碉楼主要是作为御敌、观察敌情之用，所以坚固雄伟、棱角有致。

羌碉，又称"邛笼"，"邛笼"一词来自于当地羌语，就是碉楼之意。邛笼用石块和黄泥土砌成，分四棱、六棱、八棱多种，线条垂直分明，石墙内侧与地

面垂直，外侧由下而上向内稍倾斜，建筑稳固牢靠，经久不衰。邛笼高达数十米，有的高十三四层。一般建于寨口或路口要冲，平时贮存粮食柴草，战时起防御作用，并兼备烽火台的功能。古羌人设计的军事用途的设施很多，如通向河边的暗道和类似于紧急出口的信道，用来系绳子的木耳朵等，都充满了防御性的色彩。石碉楼现存不多，它体现出的不仅是古羌人生于忧患的意识，同时也把羌族精美的建筑艺术发挥得淋漓尽致。

羌族的民居均以石块垒砌而成，而让人叹为观止的是，在通往各家各户的主要信道的石板下都暗藏着水流，纵横交错、互相连通，形成了羌寨完整的供水系统。除了供水、消防、调节气温外，还能在战争时通过水道暗中向外传递情报。

建水民居

    建水，古称"临安"，自元代以来就是滇南政治、军事、经济、文化和交通中心，自清末修筑了米轨滇（云南）越（南）铁路，云南出省和出国的主要通道都要经过建水，故享有"滇南邹鲁""文献名邦"的美誉。这里有元明清各代古建筑近百处，古桥50余座。

    朱家花园规模宏大、布局合理、设计精巧，是极具江南园林特色的古建筑群。朱家花园坐落在建水县城建新街中段，是清光绪年间建水富绅朱成章、朱成藻和子侄朱朝深、朱朝瑛等两代人，经过20多年的苦心经营才最终建成的。朱家花园占地2万多平方米，主体建筑面积为5 000余平方米，房舍鳞次栉比，院落层出不穷，有大小42个庭院，214间房。整组建筑屋角起翘，陡脊飞檐，雕梁画栋，气象万千。园内主体建筑呈"纵三横四"布置，木结构建筑，以当地传统民居"三间六耳三间厅，一大天井附四小天井"的式样为单元，将之组合成一个十分完整的建筑群体。其中有房屋214间、大小天井40个。每一个院落都可以看到点缀其间的精巧花台，每个院落由巷道所连接，让人感觉大院深不可测。

    家宅东面为宗祠，镂窗花墙的月宫门上，刻有清末安徽巡抚、云南华宁人朱家宝书写的"朱氏宗祠"四个大字。宗祠也是一套三进院落，前有一方小水池，称"小鹅湖"，水

池石栏望柱上刻有24幅诗词书画和浮雕。小鹅湖旁建有水榭，水榭实际上是一座精工建构、玲珑奇巧的水上戏台，台口呈八字形，以4根石柱架在水中，柱头上饰以石狮石象，斗拱和插梁雕琢精细、染

翰流丹，实为民居建筑中不可多得的精品。隔池建有卷棚顶华堂一座，廊檐宽敞，作为观戏的看台。宗祠落成之后，常用于欢度春节或庆祝长辈华诞，热闹非凡。

朱家花园许多房间现在已改造为能接待游客住宿的客房。如"泗水归堂"中摆设着紫木雕制的清代风格的床、桌、椅及宫灯，二进院内有梅馆、兰庭、竹园和菊苑客房。

建水城中的传统大型建筑除有朱家花园外还有建水文庙，文庙现为建水县第一中学校址，和当年的城楼之一朝阳楼均为重檐歇山顶抬梁式屋架，五开间三进回廊式建筑。普通的民居可以到一些小巷中去感受，如太史巷，巷里随时都可以看见古老的大门、飞翘的檐角、雕刻精美的门楣和斗棋、石雕的门墩。东林寺街也是建水城中的老街，地面是早已坑坑洼洼的石板路，土砖砌成的院墙一直伸展到远处，带有"八"字门楼的民居与失去了用途的下马石不时可见。建水城中还有旧时的古井，那些布满绳痕的古井，总会在街的转角处或什么地方出现。

只有走进这些小街小巷，才能真正感受到建水这座古城的魅力。更多的历史还隐藏在巷子深处，花点时间在里面游览其实是很有意思的。

傣家竹楼

生活在云南西双版纳的傣族人民，是以干栏式竹楼为传统住宅的。在如花似锦的西双版纳傣族村寨，一幢幢形式独异的竹楼隐现在翠竹蕉林之中，无数曲折的小径联系着幢幢竹楼，水边林际常有和平友好象征的孔雀展翅开屏，绘成了一幅幅使人陶醉的景象。

傣家的"干栏"式建筑早先以竹子为主要材料修建，竹柱、竹梁、竹门、竹墙，有的地方甚至将竹一破两半做瓦盖顶。因主要用竹材建盖，故被称为"竹楼"。竹楼留有高脚栏杆，分上下两层，楼上住人，楼下堆放什物和关家畜、家禽。

干栏式竹楼具有独特的风格，它有舒适、卫生、防潮、防虫等优点。傣家的竹楼为正方形，分为上下两层，上层住人，距离地面约2米，以数根木料（或用大青竹）为柱。下层无墙，用以饲养牲畜及堆放什物。竹楼顶层造型为歇山式，层面用草派覆盖。设有楼梯，有走廊、凉台，可以晾物和纳凉。室内用竹篾笆隔为两间，内间为主人卧室，外间为客室。客室内有高出地面13～16厘米长的火塘，供烹饪、取暖、照明之用。外间是接待宾客的场所，也是室内活动的中心。卧室是一大通间，男女数代同宿一室，席楼而卧，仅仅是使用黑布蚊帐作为间隔。

室内陈设简朴，用具大多为竹制品，除锅、盆、罐外。其余桌、凳、箩、筐、饭盒等都系竹篾编制而成。壁多无窗，阳光和风都是从这些竹片缝中透入。楼外以竹为篱笆，宅院内长着劲秀挺拔的椰子、树干高大的柚树、果实累累的香蕉、香甜可口的木瓜和婆娑苍翠的竹丛。一派诗情画意，点缀出浓郁的亚热带风光。

傣家竹楼均独立成院，并以整齐美观的竹栅作为院墙（筑矮墙者也较常见）。庭院以内栽花种果，绿树成荫，有芭蕉叶"摇扇"，有翠竹舞技，有果树遮阴，有繁花点缀，一幢竹楼如同一座园林。千百年来，竹楼经历了从竹结构到木材结构、砖混结构的巨变，早年那种竹柱、竹梁、竹瓦的古楼已成为"历史文物"，但竹楼这一名称却响亮如故。

小故事

西双版纳傣族称自己居住的竹楼为"很"。"很"是"晃很"的简称。"晃很"一词据说是"烘亨"的谐音。"烘亨"意指凤凰展翅欲飞之姿。民间传说竹楼的建房始祖是帕雅桑目底。帕雅桑目底曾建过绿叶平顶屋和傣语称为"杜玛丝"的狗头窝棚，但始终无法遮风挡雨。他正在思索所要建盖居室的样式时，天神变成一只凤凰冒着雷雨飞到他的面前，低头垂尾，两翅微张，双脚立地，做出欲飞不飞的姿势。帕雅桑目底在凤凰的启示下，修建出了四面坡式的高脚竹楼，并把竹楼叫作"烘亨"，后来逐渐演变成"晃很"和"很"。

傣家竹楼一般有三十二根竹子，每根竹子各有其名。寝室内的那根叫"梢宽"（灵魂柱）；靠火塘的一根叫"梢喃"；中间的一根叫"梢兰"（中柱）。楼上的一节贴有彩纸和蜡条，是老人临终前依靠的，平时别人不准靠，也不准挂东西；楼下的一节，不准拴马；走廊上的一根梢亏梦，那是新上门的姑爷想念家中父母时，靠着它以寄托思念之情。竹楼的草顶，传说是傣族祖先看见燕子衔草做窝，从中得到建楼歇身的启示。为了感谢燕子，便在楼台为燕子立了一根柱子供其做窝栖息。

傣家人为什么不造瓦房而建竹楼？解释说很多，主要有两点：一是西双版纳产竹子，就地取材比较容易；二是封建统治时代，贵族人家才能盖瓦房，一般百姓不准建，否则将没收财产或罚款。另外，西双版纳遍地都是茅草，加上茅草轻便耐用，适合竹楼结构，也许这才是竹以草代木瓦的真正原因。